国家出版基金项目
NATIONAL PUBLICATION FOUNDATION

计/量/史/学/译/丛 —————— 主编　[法] 克洛德·迪耶博　Claude Diebolt
[美] 迈克尔·豪珀特　Michael Haupert

计量史学史

马国英　译

格致出版社　　上海人民出版社

中文版推荐序一

　　量化历史研究是交叉学科，是用社会科学理论和量化分析方法来研究历史，其目的是发现历史规律，即人类行为和人类社会的规律。量化历史研究称这些规律为因果关系；量化历史研究的过程，就是发现因果关系的过程。

　　历史资料是真正的大数据。当代新史学的发展引发了"史料革命"，扩展了史料的范围，形成了多元的史料体系，进而引发了历史资料的"大爆炸"。随着历史大数据时代的到来，如何高效处理大规模史料并从中获得规律性认识，是当代历史学面临的新挑战。中国历史资料丰富，这是中华文明的优势，但是，要发挥这种优势、增加我们自己乃至全人类对我们过去的认知，就必须改进研究方法。

　　量化分析方法和历史大数据相结合，是新史学的重要内容，也是历史研究领域与时俱进的一种必然趋势。量化历史既受益于现代计算机、互联网等技术，也受益于现代社会科学分析范式的进步。按照诺贝尔经济学奖获得者、经济史学家道格拉斯·诺思的追溯，用量化方法研究经济史问题大致起源于1957年。20世纪六七十年代，量化历史变得流行，后来其热度又有所消退。但20世纪90年代中期后，新一轮研究热潮再度引人注目。催生新一轮研究的经典作品主要来自经济学领域。在如何利用大数据论证历史假说方面，经济史学者做了许多方法论上的创新，改变了以往只注重历史数据描述性分析、相关性分析的传统，将历史研究进一步往科学化的方向推进。量化历史不是"热潮不热潮"的问题，而是史学研究必须探求的新方法。否则，我们难以适应新技术和海量历史资料带来的便利和挑战。

理解量化历史研究的含义，一般需要结合三个角度，即社会科学理论、量化分析方法、历史学。量化历史和传统历史学研究一样注重对历史文献的考证、确认。如果原始史料整理出了问题，那么不管采用什么研究方法，由此推出的结论都难言可信。两者的差别在于量化方法会强调在史料的基础上尽可能寻找其中的数据，或者即使没有明确的数据也可以努力去量化。

不管哪个领域，科学研究的基本流程应该保持一致：第一，提出问题和假说。第二，根据提出的问题和假说去寻找数据，或者通过设计实验产生数据。第三，做统计分析，检验假说的真伪，包括选择合适的统计分析方法识别因果关系、做因果推断，避免把虚假的相关性看成因果关系。第四，根据分析检验的结果做出解释，如果证伪了原假说，那原假说为什么错了？如果验证了原假说，又是为什么？这里，挖掘清楚"因"导致"果"的实际传导机制甚为重要。第五，写报告文章。传统历史研究在第二步至第四步上做得不够完整。所以，量化历史方法不是要取代传统历史研究方法，而是对后者的一种补充，是把科学研究方法的全过程带入历史学领域。

量化历史方法不仅仅"用数据说话"，而且提供了一个系统研究手段，让我们能同时把多个假说放在同一个统计回归分析里，看哪个解释变量、哪个假说最后能胜出。相比之下，如果只是基于定性讨论，那么这些不同假说可能听起来都有道理，无法否定哪一个，因而使历史认知难以进步。研究不只是帮助证明、证伪历史学者过去提出的假说，也会带来对历史的全新认识，引出新的研究话题与视角。

统计学、计量研究方法很早就发展起来了，但由于缺乏计算软件和数据库工具，在历史研究中的应用一直有限。最近四十年里，电脑计算能力、数据库化、互联网化都突飞猛进，这些变迁带来了最近十几年在历史与社会科学领域的知识革命。很多原来无法做的研究今天可以做，由此产生的认知越来越广、越来越深，同时研究者的信心大增。今天历史大数据库也越来越多、越来越可行，这就使得运用量化研究方法成为可能。研究不只是用数据说话，也不只是统计检验以前历史学家提出的假说，这种新方法也可以带来以前人们想不到的新认知。

强调量化历史研究的优势，并非意味着这些优势很快就能够实现，一项好的量化历史研究需要很多条件的配合，也需要大量坚实的工作。而量化历史研究作为一个新兴领域，仍然处于不断完善的过程之中。在使用量化历史研究方法的过程中，也需要注意其适用的条件，任何一种方法都有其适用的范围和局限，一项研究的发展也需要学术共同体的监督和批评。量化方法作为"史无定法"中的一种方法，在历史大数据时代，作用将越来越大。不是找到一组历史数据并对其进行回归分析，然后就完成研究了，而是要认真考究史料、摸清史料的历史背景与社会制度环境。只有这样，才能更贴切地把握所研究的因果关系链条和传导机制，增加研究成果的价值。

未来十年、二十年会是国内研究的黄金期。原因在于两个方面：一是对量化方法的了解、接受和应用会越来越多，特别是许多年轻学者会加入这个行列。二是中国史料十分丰富，但绝大多数史料以前没有被数据库化。随着更多历史数据库的建立并且可以低成本地获得这些数据，许多相对容易做的量化历史研究一下子就变得可行。所以，从这个意义上讲，越早进入这个领域，越容易产出一些很有新意的成果。

我在本科和硕士阶段的专业都是工科，加上博士阶段接受金融经济学和量化方法的训练，很自然会用数据和量化方法去研究历史话题，这些年也一直在推动量化历史研究。2013年，我与清华大学龙登高教授、伦敦经济学院马德斌教授等一起举办了第一届量化历史讲习班，就是希望更多的学人关注该领域的研究。我的博士后熊金武负责了第一届和第二届量化历史讲习班的具体筹备工作，也一直担任"量化历史研究"公众号轮值主编等工作。2019年，他与格致出版社唐彬源编辑联系后，组织了国内优秀的老师，启动了"计量史学译丛"的翻译工作。该译丛终于完成，实属不易。

"计量史学译丛"是《计量史学手册》（*Handbook of Cliometrics*）的中文译本，英文原书于2019年11月由施普林格出版社出版，它作为世界上第一部计量史学手册，是计量史学发展的一座里程碑。该译丛是全方位介绍计量史学研究方法、应用领域和既有研究成果的学术性研究丛书，涉及的议题非常广泛，从计量史学发展的学科史、人力资本、经济增长，到银行金融业、创新、公共政策和经济周期，再到计量史学方法论。其中涉及的部分研究文献已经在"量化历史研究"公众号上被推送出来，足以说明本套译丛的学术前沿性。

同时，该译丛的各章均由各研究领域公认的顶级学者执笔，包括2023年获得诺贝尔经济学奖的克劳迪娅·戈尔丁，1993年诺贝尔经济学奖得主罗伯特·福格尔的长期研究搭档、曾任美国经济史学会会长的斯坦利·恩格尔曼,以及量化历史研讨班授课教师格里高利·克拉克。这套译丛既是向学界介绍计量史学的学术指导手册,也是研究者开展计量史学研究的方法性和写作范式指南。

"计量史学译丛"的出版顺应了学界当下的发展潮流。我们相信,该译丛将成为量化历史领域研究者的案头必备之作,而且该译丛的出版能吸引更多学者加入量化历史领域的研究。

陈志武

香港大学经管学院金融学讲座教授、

香港大学香港人文社会研究所所长

中文版推荐序二

马克思在1868年7月11日致路德维希·库格曼的信中写道:"任何一个民族,如果停止劳动,不用说一年,就是几个星期,也要灭亡,这是每一个小孩都知道的。人人都同样知道,要想得到和各种不同的需要量相适应的产品量,就要付出各种不同的和一定数量的社会总劳动量。这种按一定比例分配社会劳动的必要性,决不可能被社会生产的一定形式所取消,而可能改变的只是它的表现形式,这是不言而喻的。自然规律是根本不能取消的。在不同的历史条件下能够发生变化的,只是这些规律借以实现的形式。"在任何时代,人们的生产生活都涉及数量,大多表现为连续的数量,因此一般是可以计算的,这就是计量。

传统史学主要依靠的是定性研究方法。定性研究以普遍承认的公理、演绎逻辑和历史事实为分析基础,描述、阐释所研究的事物。它们往往依据一定的理论与经验,寻求事物特征的主要方面,并不追求精确的结论,因此对计量没有很大需求,研究所得出的成果主要是通过文字的形式来表达,而非用数学语言来表达。然而,文字语言具有多义性和模糊性,使人难以精确地认识历史的真相。在以往的中国史研究中,学者们经常使用诸如"许多""很少""重要的""重大的""严重的""高度发达""极度衰落"一类词语,对一个朝代的社会经济状况进行评估。由于无法确定这些文字记载的可靠性和准确性,研究者的主观判断又受到各种主客观因素的影响,因此得出的结论当然不可能准确,可以说只是一些猜测。由此可见,在传统史学中,由于计量研究的缺失或者被忽视,导致许多记载和今天依据这些记载得出的结论并不可靠,难以成为信史。

因此,在历史研究中采用计量研究非常重要,许多大问题,如果不使用计量方法,可能会得出不符合事实甚至是完全错误的结论。例如以往我国历史学界的一个主流观点为:在中国传统社会中,建立在"封建土地剥削和掠夺"的基础上的土地兼并,是农民起义爆发的根本原因。但是经济学家刘正山通过统计方法表明这些观点站不住脚。

如此看来,运用数学方法的历史学家研究问题的起点就与通常的做法不同;不是从直接收集与感兴趣的问题相关的材料开始研究,而是从明确地提出问题、建立指标体系、提出假设开始研究。这便规定了历史学家必须收集什么样的材料,以及采取何种方法分析材料。在收集和分析材料之后,这些历史学家得出有关结论,然后用一些具体历史事实验证这些结论。这种研究方法有两点明显地背离了分析历史现象的传统做法:研究对象必须经过统计指标体系确定;在历史学家研究具体史料之前,已经提出可供选择的不同解释。然而这种背离已被证明是正确的,因为它不仅在提出问题方面,而且在解决历史学家所提出的任务方面,都表现出精确性和明确性。按照这种方法进行研究的历史学家,通常用精确的数量进行评述,很少使用诸如"许多""很少""重要的""重大的"这类使分析结果显得不精确的词语进行评估。同时,我们注意到,精确、具体地提出问题和假设,还节省了历史学家的精力,使他们可以更迅速地达到预期目的。

但是,在历史研究中使用数学方法进行简单的计算和统计,还不是计量史学(Cliometrics)。所谓计量史学并不是一个严谨的概念。从一般的意义上讲,计量史学是对所有有意识地、系统地采用数学方法和统计学方法从事历史研究的工作的总称,其主要特征为定量分析,以区别于传统史学中以描述为主的定性分析。

计量史学是在社会科学发展的推动下出现和发展起来的。随着数学的日益完善和社会科学的日益成熟,数学在社会科学研究中的使用愈来愈广泛和深入,二者的结合也愈来愈紧密,到了20世纪更成为社会科学发展的主要特点之一,对于社会科学的发展起着重要的作用。1971年国际政治学家卡尔·沃尔夫冈·多伊奇(Karl Wolfgone Deutsch)发表过一项研究报告,详细地列举了1900—1965年全世界的62项社会科学方面的重大进展,并得出如下的结论:"定量的问题或发现(或者兼有)占全部重大进展的三分之二，占 1930 年以来重大进展的六分之五。"

作为一个重要的学科，历史学必须与时俱进。20 世纪 70 年代，时任英国历史学会会长的历史学家杰弗里·巴勒克拉夫（Geoffrey Barractbugh）受联合国教科文组织委托，总结第二次世界大战后国际历史学发展的情况，他写道："推动 1955 年前后开始的'新史学'的动力，主要来自社会科学。"而"对量的探索无疑是历史学中最强大的新趋势"，因此当代历史学的突出特征就是"计量革命"。历史学家在进行研究的时候，必须关注并学习社会科学其他学科的进展。计量研究方法是这些进展中的一个主要内容，因此在"计量革命"的背景下，计量史学应运而生。

20 世纪中叶以来，电子计算机问世并迅速发展，为计量科学手段奠定了基础，计量方法的地位日益提高，逐渐作为一种独立的研究手段进入史学领域，历史学发生了一次新的转折。20 世纪上半叶，计量史学始于法国和美国，继而扩展到西欧、苏联、日本、拉美等国家和地区。20 世纪 60 年代以后，电子计算机的广泛应用，极大地推动了历史学研究中的计量化进程。计量史学的研究领域也从最初的经济史，扩大到人口史、社会史、政治史、文化史、军事史等方面。应用计量方法的历史学家日益增多，有关计量史学的专业刊物大量涌现。

计量史学的兴起大大推动了历史研究走向精密化。传统史学的缺陷之一是用一种模糊的语言解释历史，缺陷之二是历史学家往往随意抽出一些史料来证明自己的结论，这样得出的结论往往是片面的。计量史学则在一定程度上纠正了这种偏差，并使许多传统的看法得到检验和修正。计量研究还使历史学家发现了许多传统定性研究难以发现的东西，加深了对历史的认识，开辟了新的研究领域。历史学家马尔雪夫斯基说："今天的历史学家们给予'大众'比给予'英雄'以更多的关心，数量化方法没有过错，因为它是打开这些无名且无记录的几百万大众被压迫秘密的一把钥匙。"由于采用了计量分析，历史学家能够更多地把目光转向下层人民群众以及物质生活和生产领域，也转向了家庭史、妇女史、社区史、人口史、城市史等专门史领域。另外，历史资料的来源也更加广泛，像遗嘱、死亡证明、法院审判记录、选票、民意测验等，都成为计量分析的对象。计算机在贮存和处理资料方面拥有极大优势，提高了历史研究的效率，这也是计量史学迅速普及的原因之一。

中国史研究中使用计量方法始于 20 世纪 30 年代。在这个时期兴起的社会经济史研究，表现出了明显的社会科学化取向，统计学方法受到重视，并在经济史的一些重要领域（如户口、田地、租税、生产，以及财政收支等）被广泛采用。1935 年，史学家梁方仲发表《明代户口田地及田赋统计》一文，并对利用史籍中的数字应当注意的问题作了阐述。由此他被称为"把统计学的方法运用到史学研究的开创者之一"。1937 年，邓拓的《中国救荒史》出版，该书统计了公元前 18 世纪以来各世纪自然灾害的频数，并按照朝代顺序进行了简单统计。虽然在统计过程中对数据的处理有许多不完善的地方，但它是中国将统计方法运用在长时段历史研究中的开山之作。1939 年，史学家张荫麟发表《北宋的土地分配与社会骚动》一文，使用北宋时期主客户分配的统计数字，说明当时几次社会骚动与土地集中无关。这些都表现了经济史学者使用计量方法的尝试。更加专门的计量经济史研究的开创者是巫宝三。1947 年，巫宝三的《国民所得概论（一九三三年）》引起了海内外的瞩目，成为一个标志性的事件。但是在此之后，中国经济史研究中使用计量方法的做法基本上停止了。

到了改革开放以后，使用计量方法研究历史的方法重新兴起。20 世纪末和 21 世纪初，中国的计量经济史研究开始进入一个新阶段。为了推进计量经济史的发展，经济学家陈志武与清华大学、北京大学和河南大学的学者合作，于 2013 年开始每年举办量化历史讲习班，参加讲习班接受培训的学者来自国内各高校和研究机构，人数总计达数百人。尽管培训的实际效果还需要时间检验，但是如此众多的中青年学者踊跃报名参加培训这件事本身，就已表明中国经济史学界对计量史学的期盼。越来越多的人认识到：计量方法在历史研究中的重要性是无人能够回避的；计量研究有诸多方法，适用于不同题目的研究。

为了让我国学者更多地了解计量史学的发展，熊金武教授组织多位经济学和历史学者翻译了这套"计量史学译丛"，并由格致出版社出版。这套丛书源于世界上第一部计量史学手册，同时也是计量史学发展的一座里程碑。丛书全面总结了计量史学对经济学和历史学知识的具体贡献。丛书各卷均由各领域公认的大家执笔，系统完整地介绍了计量史学对具体议题的贡献和计量史学方法论，是一套全方位介绍计量史学研究方法、应用领域和既有研究成果的学术性研究成果。它既是向社会科学同行介绍计量史学的学术指导手册,也是研究者实际开展计量史学研究的方法和写作范式指南。

　　在此,衷心祝贺该译丛的问世。

李伯重
北京大学人文讲席教授

中文版推荐序三

　　许多学术文章都对计量史学进行过界定和总结。这些文章的作者基本上都是从一个显而易见的事实讲起，即计量史学是运用经济理论和量化手段来研究历史。他们接着会谈到这个名字的起源，即它是由"克利俄"（Clio，司掌历史的女神）与"度量"（metrics，"计量"或"量化的技术"）结合而成，并由经济学家斯坦利·雷特与经济史学家兰斯·戴维斯和乔纳森·休斯合作创造。实际上，可以将计量史学的源头追溯至经济史学的发端。19世纪晚期，经济史学在德国和英国发展成为独立的学科。此时，德国的施穆勒和英国的约翰·克拉彭爵士等学术权威试图脱离标准的经济理论来发展经济史学。在叛离古典经济学演绎理论的过程中，经济史成了一门独特的学科。经济史最早的形式是叙述，偶尔会用一点定量的数据来对叙述予以强化。

　　历史学派的初衷是通过研究历史所归纳出的理论，来取代他们所认为的演绎经济学不切实际的理论。他们的观点是，最好从实证和历史分析的角度出发，而不是用抽象的理论和演绎来研究经济学。历史学派与抽象理论相背离，它对抽象理论的方法、基本假设和结果都批评甚多。19世纪80年代，经济历史学派开始分裂。比较保守的一派，即继承历史学派衣钵的历史经济学家们完全不再使用理论，这一派以阿道夫·瓦格纳（Adolph Wagner）为代表。另一派以施穆勒为代表，第一代美国经济史学家即源于此处。在英国，阿尔弗雷德·马歇尔（Alfred Marshall）和弗朗西斯·埃奇沃斯（Francis Edgeworth）代表着"老一派"的对立面，在将正式的数学模型纳入经济学的运动中，他们站在最前沿。

在 20 世纪初,经济学这门学科在方法上变得演绎性更强。随着自然科学声望日隆,让经济学成为一门科学的运动兴起,此时转而形成一种新认知,即经济学想要在社会科学的顶峰占据一席之地,就需要将其形式化,并且要更多地依赖数学模型。之后一段时期,史学运动衰落,历史经济学陷入历史的低谷。第一次世界大战以后,经济学家们研究的理论化程度降低了,他们更多采用统计的方法。第二次世界大战以后,美国经济蓬勃发展,经济学家随之声名鹊起。经济学有着严格缜密的模型,使用先进的数学公式对大量的数值数据进行检验,被视为社会科学的典范。威廉·帕克(William Parker)打趣道,如果经济学是社会科学的女王,那么经济理论就是经济学的女王,计量经济学则是它的侍女。与此同时,随着人们越来越注重技术,经济学家对经济增长的决定因素越来越感兴趣,对所谓世界发达地区与欠发达地区之间差距拉大这个问题也兴趣日增。他们认为,研究经济史是深入了解经济增长和经济发展问题的一个渠道,他们将新的量化分析方法视为理想的分析工具。

"新"经济史,即计量史学的正式形成可以追溯到 1957 年经济史协会(1940 年由盖伊和科尔等"老"经济史学家创立)和"收入与财富研究会"(归美国国家经济研究局管辖)举办的联席会议。计量史学革命让年轻的少壮派、外来者,被老前辈称为"理论家"的人与"旧"经济史学家们形成对立,而后者更像是历史学家,他们不太可能会依赖定量的方法。他们指责这些新手未能正确理解史实,就将经济理论带入历史。守旧派声称,实际模型一定是高度概括的,或者是特别复杂的,以致不能假设存在数学关系。然而,"新"经济史学家主要感兴趣的是将可操作的模型应用于经济数据。到 20世纪 60 年代,"新""旧"历史学家之间的争斗结束了,结果显而易见:经济学成了一门"科学",它构建、检验和使用技术复杂的模型。当时计量经济学正在兴起,经济史学家分成了两派,一派憎恶计量经济学,另一派则拥护计量经济学。憎恶派的影响力逐渐减弱,其"信徒"退守至历史系。

"新""旧"经济史学家在方法上存在差异,这是不容忽视的。新经济史学家所偏爱的模型是量化的和数学的,而传统的经济史学家往往使用叙事的模式。双方不仅在方法上存在分歧,普遍接受的观点也存在分裂。计量史学家使用自己新式的工具推翻了一些人们长期秉持的看法。有一些人们公认的观点被计量史学家推翻了。一些人对"新"经济史反应冷淡,因为他们认为"新"经济史对传统史学的方法构成了威胁。但是,另外一些人因为"新"经济史展示出的可能性而对它表示热烈欢迎。

计量史学的兴起导致研究计量史学的经济学家与研究经济史的历史学家之间出现裂痕,后者不使用形式化模型,他们认为使用正规的模型忽略了问题的环境背景,过于迷恋统计的显著性,罔顾情境的相关性。计量史学家将注意力从文献转移到了统计的第一手资料上,他们强调使用统计技术,用它来检验变量之间的假定关系是否存在。另一方面,对于经济学家来说计量史学也没有那么重要了,他们只把它看作经济理论的另外一种应用。虽然应用经济学并不是什么坏事,但计量史学并没有什么特别之处——只不过是将理论和最新的量化技术应用在旧数据上,而不是将其用在当下的数据上。也就是说,计量史学强调理论和形式化模型,这一点将它与"旧"经济史区分开来,现在,这却使经济史和经济理论之间的界线模糊不清,以至于有人质疑经济史学家是否有存在的必要,而且实际上许多经济学系已经认为不再需要经济史学家了。

中国传统史学对数字和统计数据并不排斥。清末民初,史学研究和统计学方法已经有了结合。梁启超在其所著的《中国历史研究法》中,就强调了统计方法在历史研究中的作用。巫宝三所著的《中国国民所得(一九三三年)》可谓中国史领域中采用量化历史方法的一大研究成果。此外,梁方仲、吴承明、李埏等经济史学者也重视统计和计量分析工具,提出了"经济现象多半可以计量,并表现为连续的量。在经济史研究中,凡是能够计量的,尽可能做些定量分析"的观点。

在西方大学的课程和经济学研究中,计量经济学与经济史紧密结合,甚至被视为一体。然而,中国的情况不同,这主要是因为缺乏基础性历史数据。欧美经济学家在长期的数据开发和积累下,克服了壁垒,建立了一大批完整成熟的历史数据库,并取得了一系列杰出的成果,如弗里德曼的货币史与货币理论,以及克劳迪娅·戈尔丁对美国女性劳动历史的研究等,为计量经济学的科学研究奠定了基础。然而,整理这样完整成熟的基础数据库需要巨大的人力和资金,是一个漫长而艰巨的过程。

不过,令人鼓舞的是,国内一些学者已经开始这项工作。在量化历史讲习班上,我曾提到,量化方法与工具从多个方面推动了历史研究的发现和创新。量化历史的突出特征就是将经济理论、计量技术和其他规范或数理研究方法应用于社会经济史研究。只有真正达到经济理论和定量分析方法的互动融合,才可以促进经济理论和经济史学的互动发展。然而,传统史学也有不容忽视的方面,例如人的活动、故事的细节描写以及人类学的感悟与体验,它们都赋予历史以生动性与丰富性。如果没有栩栩如生的人物与细节,历史就变成了手术台上被研究的标本。历史应该是有血有肉的,而不仅仅是枯燥的数字,因为历史是人类经验和智慧的记录,也是我们沟通过去与现在的桥梁。通过研究历史,我们能够深刻地了解过去的文化、社会、政治和经济背景,以及人们的生活方式和思维方式。

中国经济史学者在国际量化历史研究领域具有显著的特点。近年来,中国学者在国际量化历史研究中崭露头角,通过量化历史讲习班与国际学界密切交流。此外,大量中国学者通过采用中国历史数据而作出的优秀研究成果不断涌现。这套八卷本"计量史学译丛"的出版完美展现了当代经济史、量化历史领域的前沿研究成果和通用方法,必将促进国内学者了解国际学术前沿,同时我们希望读者能够结合中国历史和数据批判借鉴,推动对中国文明的长时段研究。

龙登高
清华大学社会科学学院教授、中国经济史研究中心主任

英文版总序

目标与范畴

新经济史[New Economic History，这个术语由乔纳森·休斯(Jonathan Hughes)提出]，或者说计量史学[Cliometrics，由斯坦·雷特(Stan Reiter)创造]最近才出现，它字面上的意思是对历史进行测量。人们认为，阿尔弗雷德·康拉德(Alfred Conrad)和约翰·迈耶(John Meyer)是这个领域的拓荒者，他们1957年在《经济史杂志》(*Journal of Economic History*)上发表了《经济理论、统计推断和经济史》(Economic Theory, Statistical Inference and Economic History)一文，该文是二人当年早些时候在经济史协会(Economic History Association)和美国国家经济研究局(NBER)"收入与财富研究会"(Conference on Research in Income and Wealth)联席会议上发表的报告。他们随后在1958年又发表了一篇论文，来对计量史学的方法加以说明，并将其应用在美国内战前的奴隶制问题上。罗伯特·福格尔(Robert Fogel)关于铁路对美国经济增长影响的研究工作意义重大，从广义上讲是经济学历史上一场真正的革命，甚至是与传统的彻底决裂。它通过经济学的语言来表述历史，重新使史学在经济学中占据一席之地。如今，甚至可以说它是经济学一个延伸的领域，引发了新的争论，并且对普遍的看法提出挑战。计量经济学技术和经济理论的使用，使得对经济史的争论纷纭重起，使得对量化的争论在所难免，并且促使在经济学家们中间出现了新的历史意识(historical awareness)。

计量史学并不仅仅关注经济史在有限的、技术性意义上的内容,它更在整体上改变了历史研究。它体现了社会科学对过往时代的定量估计。知晓奴隶制是否在美国内战前使美国受益,或者铁路是否对美国经济发展产生了重大影响,这些问题对于通史和经济史来说同样重要,而且必然会影响到任何就美国历史进程所作出的(人类学、法学、政治学、社会学、心理学等)阐释或评价。

此外,理想主义学派有一个基本的假设,即认为历史永远无法提供科学证据,因为不可能对独特的历史事件进行实验分析。计量史学对这一基本假设提出挑战。计量史学家已经证明,恰恰相反,通过构造一个反事实,这种实验是能做到的,可以用反事实来衡量实际发生的事情和在不同情况下可能发生的事情之间存在什么差距。

众所周知,罗伯特·福格尔用反事实推理来衡量铁路对美国经济增长的影响。这个方法的原理也许和历史的时间序列计量经济学一样,是计量史学对一般社会科学研究人员,特别是对历史学家最重要的贡献。

方法上的特点

福格尔界定了计量史学方法上的特征。他认为,在承认计量和理论之间存在紧密联系的同时,计量史学也应该强调计量,这一点至关重要。事实上,如果没有伴随统计和/或计量经济学的处理过程和系统的定量分析,计量只不过是另一种叙述历史的形式,诚然,它用数字代替了文字,却并未带来任何新的要素。相比之下,当使用计量史学尝试对过去经济发展的所有解释进行建模时,它就具有创新性。换言之,计量史学的主要特点是使用假说-演绎(hypothetico-deductive)的模型,这些模型要用到最贴近的计量经济学技术,目的在于以数学形式建立起特定情况下变量之间的相关关系。

计量史学通常要构建一个一般均衡或局部均衡的模型,模型要反映出所讨论的经济演进中的各个因素,并显示各因素之间相互作用的方式。因此,可以建立相关关系和/或因果关系,来测量在给定的时间段内各个因素孰轻孰重。

计量史学方法决定性的要素，与"市场"和"价格"的概念有关。即使在并未明确有市场存在的领域，计量史学方法通常也会给出类似于"供给""需求"和"价格"等市场的概念，来对主题进行研究。

时至今日，假说-演绎的模型主要被用来确定创新、制度和工业过程对增长和经济发展的影响。由于没有记录表明，如果所论及的创新没有发生，或者相关的因素并没有出现会发生什么，所以只能通过建立一个假设模型，用以在假定的另一种情况下（即反事实）进行演绎，来发现会发生什么。的确，使用与事实相反的命题本身并不是什么新鲜事，这些命题蕴含在一系列的判断之中，有些是经济判断，有些则不是。

使用这种反事实分析也难逃被人诟病。许多研究人员依旧相信，使用无法被证实的假设所产生的是准历史（quasi history），而不是历史本身（history proper）。再者，煞费苦心地使用计量史学，所得到的结果并不如许多计量史学家所希冀的那般至关重大。毫无疑问，批评者们得出的结论是没错的：经济分析本身，连同计量经济学工具的使用，无法为变革和发展的过程与结构提供因果解释。在正常的经济生活中，似乎存在非系统性的突变（战争、歉收、市场崩溃时的群体性癔症等），需要对此进行全面分析，但这些突变往往被认为是外源性的，并且为了对理论假设的先验表述有利，它们往往会被弃之不理。

然而，尽管有一些较为极端的论证，令计量史学让人失望，但计量史学也有其成功之处，并且理论上在不断取得进步。显然，这样做的风险是听任经济理论忽略一整套的经验资料，而这些资料可以丰富我们对经济生活现实的认知。反过来说，理论有助于我们得出某些常量，而且只有掌握了理论，才有可能对规则的和不规则的、能预测的和难以预估的加以区分。

主要的成就

到目前为止，计量史学稳扎稳打地奠定了自己主要的成就：在福格尔的传统中，通过计量手段和理论方法对历史演进进行了一系列可靠的经济分析；循着道格拉斯·诺思（Douglass North）的光辉足迹，认识到了新古典主义理论的局限性，在经济模型中将制度的重要作用纳入考量。事实上，聚焦于后者最终催生了一个新的经济学分支,即新制度经济学。现在,没有什么能够取代基于成体系的有序数据之上的严谨统计和计量经济分析。依赖不可靠的数字和谬误的方法作出的不精确判断,其不足之处又凭主观印象来填补,现在已经无法取信于人。特别是经济史,它不应该依旧是"简单的"故事,即用事实来说明不同时期的物质生活,而应该成为一种系统的尝试,去为具体的问题提供答案。我们的宏愿,应该从"理解"(Verstehen)认识论(epistemology)转向"解释"(Erklären)认识论。

进一步来说,对事实的探求越是被问题的概念所主导,研究就越是要解决经济史在社会科学中以何种形式显明其真正的作用。因此,智识倾向(intellectual orientation)的这种转变,即计量史学的重构可以影响到其他人文社会科学的学科(法学、社会学、政治学、地理学等),并且会引发类似的变化。

事实上,社会科学中势头最强劲的新趋势,无疑是人们对量化和理论过分热衷,这个特征是当代学者和前辈学人在观念上最大的区别。即使是我们同僚中最有文学性的,对于这一点也欣然同意。这种兴趣没有什么好让人惊讶的。与之前的几代人相比,现今年轻一代学者的一个典型特征无疑是,在他们的智力训练中更加深刻地打上了科学与科学精神的烙印。因此,年轻的科学家们对传统史学没有把握的方法失去了耐心,并且他们试图在不那么"手工式"(artisanal)的基础之上开展研究,这一点并不让人奇怪。

因此,人文社会科学在技术方面正变得更加精细,很难相信这种趋势有可能会发生逆转。然而,有相当一部分人文社会科学家尚未接受这些新趋势,这一点也很明显。这些趋势意在使用更加复杂的方法,使用符合新标准且明确的概念,以便在福格尔传统下发展出一门真正科学的人文社会科学。

史学的分支?

对于许多作者(和计量史学许多主要的人物)来说,计量史学似乎首先是史学的一个分支。计量史学使用经济学的工具、技术和理论,为史学争论而非经济学争论本身提供答案。

对于(美国)经济史学家来说,随着时间的推移,"实证"一词的含义发生了很大的变化。人们可以观察到,从"传统的历史学家"(对他们而言,在自己的论证中所使用的不仅仅是定量数据,而且还有所有从档案中检索到的东西)到(应用)经济学家(实证的方面包含对用数字表示的时间序列进行分析),他们对经验事实(empirical fact)概念的理解发生了改变。而且历史学家和经济学家在建立发展理论方面兴趣一致,所以二者的理论观点趋于一致。

在这里,西蒙·库兹涅茨(Simon Kuznets)似乎发挥了重要作用。他强调在可能确定将某些部门看作经济发展的核心所在之前,重要的是一开始就要对过去经济史上发生的重要宏观量变进行严肃的宏观经济分析。应该注意,即使他考虑将历史与经济分析结合起来,但他所提出的增长理论依旧是归纳式的,其基础是对过去重要演变所做的观察,对经济史学家经年累月积累起来的长时段时间序列进行分析给予他启迪。

因此,这种(归纳的)观点尽管使用了较为复杂的技术,但其与经济学中的历史流派,即德国历史学派(German Historical School)密切相关。可以说,这两门学科变得更加紧密,但可能在"归纳"经济学的框架之内是这样。除此之外,尽管早期人们对建立一种基于历史(即归纳)的发展经济学感兴趣,但计量史学主要试图为史学的问题提供答案——因此,它更多是与历史学家交谈,而不是向标准的经济学家讲述。可以用计量经济学技术来重新调整时间序列,通过插值或外推来确定缺失的数据——顺便说一句,这一点让专业的历史学家感到恼火。但是,这些计量史学规程仍旧肩负历史使命,那就是阐明历史问题,它将经济理论或计量经济学看作历史学的附属学科。当使用计量史学的方法来建立一个基于被明确测度的事实的发展理论时,它发展成为一门更接近德国历史学派目标的经济学,而不是一门参与高度抽象和演绎理论运动的经济学,而后者是当时新古典学派发展的特征。

库兹涅茨和沃尔特·罗斯托(Walt Rostow)之间关于经济发展阶段的争执,实际上是基于罗斯托理论的实证基础进行争论,而不是在争论一个高度概括和非常综合的观点在形式上不严谨(没有使用增长理论),或者缺乏微观基础的缺陷。在今天,后者无疑会成为被批判的主要议题。简而言之,要么说计量史学仍然是(经济)史的一个(现代化的)分支——就像考古学方法的现代化(从碳14测定到使用统计技术,比如判别分析)并未将该学科转变为自然科学的一个分支一样;要么说运用计量史学方法来得到理论结果,更多是从收集到的时间序列归纳所得,而不是经由明确运用模型将其演绎出来。也就是说,经济理论必须首先以事实为依据,并由经验证据归纳所得。

如此,就促成了一门与德国历史学派较为接近,而与新古典观点不甚相近的经济科学。

经济学的附属学科?

但故事尚未结束。(严格意义上的)经济学家最近所做的一些计量史学研究揭示,计量史学也具备成为经济学的一门附属学科的可能性。因此,所有的经济学家都应该掌握计量史学这种工具并具备这份能力。然而,正如"辅助学科"(anxiliary discipline)一词所表明的那样,如果稍稍(不要太多)超出标准的新古典经济学的范畴,它对经济学应有的作用才能发挥。它必定是一个复合体,即应用最新的计量经济学工具和经济理论,与表征旧经济史的制度性与事实性的旧习俗相结合。

历史学确实一直是一门综合性的学科,计量史学也该如此。不然,如果计量史学丧失了它全部的"历史维度"(historical dimension),那它将不复存在(它只会是将经济学应用于昔日,或者仅仅是运用计量经济学去回溯过往)。想要对整个经济学界有所助益,那么计量史学主要的工作,应该是动用所有能从历史中收集到的相关信息来丰富经济理论,甚或对经济理论提出挑战。这类"相关信息"还应将文化或制度的发展纳入其中,前提是能将它们对专业有用的一面合宜地呈现出来。

经济学家(实际上是开尔文勋爵)的一个传统看法是"定性不如定量"。但是有没有可能,有时候确实是"定量不如定性"? 历史学家与经济学家非常大的一个差别,就是所谓的历史批判意识和希望避免出现年代舛误。除了对历史资料详加检视以外,还要对制度、社会和文化背景仔细加以审视,这些背景形成了框定参与者行为的结构。诚然,(新)经济史不会建立一个一般理论——它过于相信有必要在经济现象的背景下对其进行研究——但是它可以基于可靠的调查和恰当估计的典型事实(stylized facts),为那些试图彰显经济行为规律的经济学家们提供一些有用的想法和见解[经济学与历史学不同,它仍旧是一门法则性科学(nomological science)]。经济学家和计量史学家也可以通力合作,在研究中共同署名。达龙·阿西莫格鲁(Daron Acemoglu)、西蒙·约翰逊(Simon Johnson)、詹姆斯·罗宾逊(James

Robinson)和奥戴德·盖勒(Oded Galor)等人均持这一观点,他们试图利用撷取自传统史学中的材料来构建对经济理论家有用的新思想。

总而言之,可以说做好计量史学研究并非易事。由于计量史学变得过于偏重"经济学",因此它不可能为某些问题提供答案,比如说,对于那些需要有较多金融市场微观结构信息,或者要有监管期间股票交易实际如何运作信息的问题,计量史学就无能为力了——对它无法解释的现象,它只会去加以测度。这就需要用历史学家特定的方法(和细枝末节的信息),来阐述在给定的情境之下(确切的地点和时期),为什么这样的经济理论不甚贴题(或者用以了解经济理论的缺陷)。也许只有这样,计量史学才能通过提出研究线索,为经济学家提供一些东西。然而,如果计量史学变得太偏重"史学",那它在经济学界就不再具有吸引力。经济学家需要新经济史学家知晓,他们在争论什么,他们的兴趣在哪里。

经济理论中的一个成熟领域?

最后但同样重要的一点是,计量史学有朝一日可能不仅仅是经济学的一门附属学科,而是会成为经济理论的一个成熟领域。确实还存在另外一种可能:将计量史学看作制度和组织结构的涌现以及路径依赖的科学。为了揭示各种制度安排的效率,以及制度变迁起因与后果的典型事实(stylized facts),经济史学会使用该学科旧有的技术,还会使用最先进的武器——计量经济学。这将有助于理论家研究出真正的制度变迁理论,即一个既具备普遍性(例如,满足当今决策者的需求)而且理论上可靠(建立在经济学原理之上),又经由经济与历史分析共同提出,牢固地根植于经验规律之上的理论。这种对制度性形态如何生成所做的分析,将会成为计量史学这门科学真正的理论部分,会使计量史学自身从看似全然是实证的命运中解放出来,成为对长时段进行分析的计量经济学家的游乐场。显然,经济学家希望得到一般性结论,对数理科学着迷,这些并不鼓励他们过多地去关注情境化。然而,像诺思这样的新制度主义经济学家告诫我们,对制度(包括文化)背景要认真地加以考量。

因此,我们编写《计量史学手册》的目的,也是为了鼓励经济学家们更系统地去对这些以历史为基础的理论加以检验,不过,我们也力求能够弄清制度创设或制度变迁的一般规律。计量史学除了对长时段的定量数据集进行研究之外,它的一个分支越来越重视制度的作用与演变,其目的在于将经济学家对找到一般性结论的愿望,与关注经济参与者在何种确切的背景下行事结合在一起,而后者是历史学家和其他社会科学家的特征。这是一条中间道路,它介乎纯粹的经验主义和脱离实体的理论之间,由此,也许会为我们开启通向更好的经济理论的大门。它将使经济学家能够根据过去的情况来解释当前的经济问题,从而更深刻地理解经济和社会的历史如何运行。这条途径能为当下提供更好的政策建议。

本书的内容

在编写本手册的第一版时,我们所面对的最大的难题是将哪些内容纳入书中。可选的内容不计其数,但是版面有限。在第二版中,给予我们的版面增加了不少,结果显而易见:我们将原有篇幅扩充到三倍,在原有 22 章的基础上新增加了 43 章,其中有几章由原作者进行修订和更新。即使对本手册的覆盖范围做了这样的扩充,仍旧未能将一些重要的技术和主题囊括进来。本书没有将这些内容纳入进来,绝对不是在否定它们的重要性或者它们的历史意义。有的时候,我们已经承诺会出版某些章节,但由于各种原因,作者无法在出版的截止日期之前交稿。对于这种情况,我们会在本手册的网络版中增添这些章节,可在以下网址查询:https://link.Springer.com/reference-encework/10.1007/978-3-642-40458-0。

在第二版中新增补的章节仍旧只是过去半个世纪里在计量史学的加持下做出改变的主题中的几个案例,20 世纪 60 年代将计量史学确立为"新"经济史的论题就在其中,包括理查德·萨奇(Richard Sutch)关于奴隶制的章节,以及杰里米·阿塔克(Jeremy Atack)关于铁路的章节。本书的特色是,所涵章节有长期以来一直处于计量史学分析中心的议题,例如格雷格·克拉克(Greg Clark)关于工业革命的章节、拉里·尼尔(Larry Neal)关于金融市场的章节,以及克里斯·哈内斯(Chris Hanes)论及大萧条的文章。我们还提供了一些主题范围比较窄的章节,而它们的发展主要得益于计量史学的方法,比如弗朗齐斯卡·托尔内克(Franziska Tollnek)和约尔格·贝滕(Joerg Baten)讨论年龄堆积(age heaping)的研究、道格拉斯·普弗特(Douglas Puffert)关于路径依赖的章节、托马斯·拉夫(Thomas Rahlf)关于统计推断的文章,以及弗洛里安·普洛克利(Florian Ploeckl)关于空间建模的章节。介于两者之间的是斯坦利·恩格尔曼(Stanley Engerman)、迪尔德丽·麦克洛斯基(Deirdre McCloskey)、罗杰·兰瑟姆(Roger Ransom)和彼得·特明(Peter Temin)以及马修·贾雷姆斯基(Matthew Jaremski)和克里斯·维克斯(Chris Vickers)等年轻学者的文章,我们也都将其收录在手册中,前者在计量史学真正成为研究经济史的"新"方法之时即已致力于斯,后者是新一代计量史学的代表。贯穿整本手册一个共同的纽带是关注计量史学做出了怎样的贡献。

《计量史学手册》强调,计量史学在经济学和史学这两个领域对我们认知具体的贡献是什么,它是历史经济学(historical economics)和计量经济学史(econometric history)领域里的一个里程碑。本手册是三手文献,因此,它以易于理解的形式包含着已被系统整理过的知识。这些章节不是原创研究,也不是文献综述,而是就计量史学对所讨论的主题做出了哪些贡献进行概述。这些章节所强调的是,计量史学对经济学家、历史学家和一般的社会科学家是有用的。本手册涉及的主题相当广泛,各章都概述了计量史学对某一特定主题所做出的贡献。

本书按照一般性主题将65章分成8个部分。* 开篇有6章,涉及经济史和计量史学的历史,还有论及罗伯特·福格尔和道格拉斯·诺思这两位最杰出实践者的文稿。第二部分的重点是人力资本,包含9个章节,议题广泛,涉及劳动力市场、教育和性别,还包含两个专题评述,一是关于计量史学在年龄堆积中的应用,二是关于计量史学在教会登记簿中的作用。

第三部分从大处着眼,收录了9个关于经济增长的章节。这些章节包括工业增长、工业革命、美国内战前的增长、贸易、市场一体化以及经济与人口的相互作用,等等。第四部分涵盖了制度,既有广义的制度(制度、政治经济、产权、商业帝国),也有范畴有限的制度(奴隶制、殖民时期的美洲、

---

* 中译本以"计量史学译丛"形式出版,包含如下八卷:《计量史学史》《劳动力与人力资本》《经济增长模式与测量》《制度与计量史学的发展》《货币、银行与金融业》《政府、健康与福利》《创新、交通与旅游业》《测量技术与方法论》。——编者注

水权)。

第五部分篇幅最大,包含12个章节,以不同的形式介绍了货币、银行和金融业。内容安排上,以早期的资本市场、美国金融体系的起源、美国内战开始,随后是总体概览,包括金融市场、金融体系、金融恐慌和利率。此外,还包括大萧条、中央银行、主权债务和公司治理的章节。

第六部分共有8章,主题是政府、健康和福利。这里重点介绍了计量史学的子代,包括人体测量学(anthropometrics)和农业计量史学(agricliometrics)。书中也有章节论及收入不平等、营养、医疗保健、战争以及政府在大萧条中的作用。第七部分涉及机械性和创意性的创新领域、铁路、交通运输和旅游业。

本手册最后的一个部分介绍了技术与计量,这是计量史学的两个标志。读者可以在这里找到关于分析叙述(analytic narrative)、路径依赖、空间建模和统计推断的章节,另外还有关于非洲经济史、产出测度和制造业普查(census of manufactures)的内容。

我们很享受本手册第二版的编撰过程。始自大约10年之前一个少不更事的探寻(为什么没有一本计量史学手册?),到现在又获再版,所收纳的条目超过了60个。我们对编撰的过程甘之如饴,所取得的成果是将顶尖的学者们聚在一起,来分析计量史学在主题的涵盖广泛的知识进步中所起的作用。我们将它呈现给读者,谨将其献给过去、现在以及未来所有的计量史学家们。

克洛德·迪耶博

迈克尔·豪珀特

参考文献

Acemoglu, D., Johnson, S., Robinson, J. (2005) "Institutions as a Fundamental Cause of Long-run Growth, Chapter 6", in Aghion, P., Durlauf, S.(eds) *Handbook of Economic Growth*, *1st edn*, *vol.1*. North-Holland, Amsterdam, pp. 385—472. ISBN 978-0-444-52041-8.

Conrad, A., Meyer, J. (1957) "Economic Theory, Statistical Inference and Economic History", *J Econ Hist*, 17:524—544.

Conrad, A., Meyer, J. (1958) "The Economics of Slavery in the Ante Bellum South", *J Polit Econ*, 66:95—130.

Carlos, A. (2010) "Reflection on Reflections: Review Essay on Reflections on the Cliometric Revolution: Conversations with Economic Historians", *Cliometrica*, 4:97—111.

Costa, D., Demeulemeester, J-L., Diebolt, C.(2007) "What is 'Cliometrica'", *Cliometrica*

1:1—6.

Crafts, N. (1987) "Cliometrics, 1971—1986: A Survey", *J Appl Econ*, 2:171—192.

Demeulemeester, J-L., Diebolt, C. (2007) "How Much Could Economics Gain from History: The Contribution of Cliometrics", *Cliometrica*, 1:7—17.

Diebolt, C. (2012) "The Cliometric Voice", *Hist Econ Ideas*, 20:51—61.

Diebolt, C. (2016) "Cliometrica after 10 Years: Definition and Principles of Cliometric Research", *Cliometrica*, 10:1—4.

Diebolt, C., Haupert M. (2018) "A Cliometric Counterfactual: What If There Had Been Neither Fogel Nor North?", *Cliometrica*, 12:407—434.

Fogel, R. (1964) *Railroads and American Economic Growth: Essays in Econometric History*. The Johns Hopkins University Press, Baltimore.

Fogel, R. (1994) "Economic Growth, Population Theory, and Physiology: The Bearing of Long-term Processes on the Making of Economic Policy", *Am Econ Rev*, 84:369—395.

Fogel, R., Engerman, S. (1974) *Time on the Cross: The Economics of American Negro Slavery*. Little, Brown, Boston.

Galor, O. (2012) "The Demographic Transition: Causes and Consequences", *Cliometrica*, 6:1—28.

Goldin, C. (1995) "Cliometrics and the Nobel", *J Econ Perspect*, 9:191—208.

Kuznets, S. (1966) *Modern Economic Growth: Rate, Structure and Spread*. Yale University Press, New Haven.

Lyons, J.S., Cain, L.P., Williamson, S.H. (2008) *Reflections on the Cliometrics Revolution: Conversations with Economic Historians*. Routledge, London.

McCloskey, D. (1976) "Does the Past Have Useful Economics?", *J Econ Lit*, 14:434—461.

McCloskey, D. (1987) *Econometric History*. Macmillan, London.

Meyer, J. (1997) "Notes on Cliometrics' Fortieth", *Am Econ Rev*, 87:409—411.

North, D. (1990) *Institutions, Institutional Change and Economic Performance*. Cambridge University Press, Cambridge.

North, D. (1994) "Economic Performance through Time", *Am Econ Rev*, 84 (1994):359—368.

Piketty, T. (2014) *Capital in the Twenty-first Century*. The Belknap Press of Harvard University Press, Cambridge, MA.

Rostow, W.W. (1960) *The Stages of Economic Growth: A Non-communist Manifesto*. Cambridge University Press, Cambridge.

Temin, P. (ed) (1973) *New Economic History*. Penguin Books, Harmondsworth.

Williamson, J. (1974) *Late Nineteenth-century American Development: A General Equilibrium History*. Cambridge University Press, London.

Wright, G. (1971) "Econometric Studies of History", in Intriligator, M. (ed) *Frontiers of Quantitative Economics*. North-Holland, Amsterdam, pp.412—459.

英文版前言

欢迎阅读《计量史学手册》第二版,本手册已被收入斯普林格参考文献库(Springer Reference Library)。本手册于2016年首次出版,此次再版在原有22章的基础上增补了43章。在本手册的两个版本中,我们将世界各地顶尖的经济学家和经济史学家囊括其中,我们的目的在于促进世界一流的研究。在整部手册中,我们就计量史学在我们对经济学和历史学的认知方面具体起到的作用予以强调,借此,它会对历史经济学与计量经济学史产生影响。

正式来讲,计量史学的起源要追溯到1957年经济史协会和"收入与财富研究会"(归美国国家经济研究局管辖)的联席会议。计量史学的概念——经济理论和量化分析技术在历史研究中的应用——有点儿久远。使计量史学与"旧"经济史区别开来的,是它注重使用理论和形式化模型。不论确切来讲计量史学起源如何,这门学科都被重新界定了,并在经济学上留下了不可磨灭的印记。本手册中的各章对这些贡献均予以认可,并且会在各个分支学科中对其予以强调。

本手册是三手文献,因此,它以易于理解的形式包含着已被整理过的知识。各个章节均简要介绍了计量史学对经济史领域各分支学科的贡献,都强调计量史学之于经济学家、历史学家和一般社会科学家的价值。

如果没有这么多人的贡献,规模如此大、范围如此广的项目不会成功。我们要感谢那些让我们的想法得以实现,并且坚持到底直至本手册完成的人。首先,最重要的是要感谢作者,他们在严苛的时限内几易其稿,写出了质量上乘的文章。他们所倾注的时间以及他们的专业知识将本手册的水准提升到最高。其次，要感谢编辑与制作团队，他们将我们的想法落实，最终将本手册付印并在网上发布。玛蒂娜·比恩（Martina Bihn）从一开始就在润泽着我们的理念，本书编辑施卢蒂·达特（Shruti Datt）和丽贝卡·乌尔班（Rebecca Urban）让我们坚持做完这项工作，在每一轮审校中都会提供诸多宝贵的建议。再次，非常感谢迈克尔·赫尔曼（Michael Hermann）无条件的支持。我们还要感谢计量史学会（Cliometric Society）理事会，在他们的激励之下，我们最初编写一本手册的提议得以继续进行，当我们将手册扩充再版时，他们仍旧为我们加油鼓劲。

最后，要是不感谢我们的另一半——瓦莱里（Valérie）和玛丽·艾伦（Mary Ellen）那就是我们的不对了。她们容忍着我们常在电脑前熬到深夜，经年累月待在办公室里，以及我们低头凝视截止日期的行为举止。她们一边从事着自己的事业，一边包容着我们的执念。

克洛德·迪耶博

迈克尔·豪珀特

2019 年 5 月

作者简介

迈克尔·豪珀特（Michael Haupert）

美国威斯康星大学拉克罗斯分校经济学系。

戴维·米奇（David Mitch）

美国马里兰大学经济学系。

萨姆纳·拉克鲁瓦（Sumner La Croix）

美国夏威夷大学玛诺分校经济学系。

彼得·特明（Peter Temin）

美国麻省理工学院经济学系。

迪尔德丽·南森·麦克洛斯基（Deirdre Nansen McCloskey）

美国伊利诺伊大学芝加哥分校。

伊恩·凯伊（Ian Keay）

加拿大女王大学经济学系。

弗兰克·D. 刘易斯（Frank D. Lewis）

加拿大女王大学经济学系。

目　录

第一章

计量史学的历史

迈克尔·豪珀特

摘要

经济史学家将理论与定量的方法相结合，构建和校正数据库，发现并创建全新的数据库，在传统经济的理论中加入时间变量，这些都为经济学的发展作出了贡献。这使得我们可以质疑和重新评估先前的发现，从而增加我们的学识，完善先前的结论，并且对错误予以纠正。计量史学极大地促进了我们对经济增长和发展的认识。将历史作为试炼经济理论的熔炉，加深了我们对经济变革如何发生、为何发生以及何时发生的认识。本章的重点是，详细介绍计量史学（即对经济史的定量研究）这门学科的历史，并概述其在经济史学科内的发展历程。

关键词

商业史　计量史学　经济史　经济思想　新经济史

引 言

4

经济史学家将理论与定量的方法相结合,构建和校正数据库,发现并创建全新的数据库,在传统经济的理论中加入时间变量,这些都为经济学的发展作出了贡献。这使得我们可以质疑和重新评估先前的发现,从而增加我们的学识,完善先前的结论,并且对错误予以纠正。计量史学极大地促进了我们对经济增长和发展的认识。①将历史作为试炼经济理论的熔炉,加深了我们对经济变革如何发生、为何发生以及何时发生的认识。

1960 年 12 月,学者们在普渡大学举办了"将经济理论和量化方法用在历史问题上的普渡会议"。②人们认为,那次会议是如今所谓计量史学会(Cliometric Society)的第一次会议。③这群与会者在将经济理论和量化方法应用于经济史研究方面志同道合,尽管这是他们第一次举行正式的会议,但这并不是他们第一次讨论和使用这个概念,这样一个概念也并非首次在文献中被提及。④计量史学总算姗姗来迟,而一旦降临,它就终将在经济史学科的研究方法中胜出,使经济学家和从事人文科学的历史学家产生分歧,并且会使计量史学家(亦即经济史学家)和使用历史数据的理论家之间的界限变得模糊。

在计量史学会成立之前,就已经有经济史协会(Economic History Association,EHA)。在经济史协会之前,美国经济史学家可以加入的协会不在少数,但没有一个真正算得上他们自己的协会。和他们最为贴近的是经济史

① 德鲁克(Drukker,2006)的著作就是一例。
② 在这些早期会议上提交的论文 1967 年由普渡大学甄选出版。
③ 计量史学会于 1983 年正式成立,由萨姆·威廉姆森(Sam Williamson)和迪尔德丽·麦克洛斯基(Deirdre McCloskey,曾称"唐纳德·麦克洛斯基")创立。
④ 这个词第一次在刊印的文献中被提及,是在戴维斯等人(Davis et al.,1960:540)的文章中:"从过去经济生活残存的碎片中重构历史,所必需的逻辑本质上要涉及史学、经济学和统计学……这被贴上了'计量史学(Cliometrics)'的标签。"

3

学会(Economic History Society),该学会于1926年成立,总部设在英国。美国的经济史学家们散布在各式各样的协会之中,如农业史学会(Agricultural History Society,AHS,成立于1916年)、美国历史协会(American Historical Association,AHA,成立于1884年)、商业史学会(Business Historical Society,成立于1926年)和美国经济协会(American Economic Association,AEA,成立于1885年),至于他们具体居于何处,则取决于他们主要对历史上的哪一个领域感兴趣。然而上述这些协会均非合适之选,因此,一项运动在1937年初开启,旨在建立一个致力于经济史研究和教学的美国组织。实际上,为达成所愿,两家不同的组织先后成立:工业史学会(Industrial History Society)于1939年成立,一年后,经济史协会成立了。

经济史学家的独特之处,既不在于他们使用历史数据,也不在于他们关注过去,而在于他们研究经济的长期增长和发展。这样一来,与经济史关系最近的学科就是发展经济学。此外,经济史学家关注非经济因素,比如法律和政治制度,这也使得他们与经济理论家有所区别。鉴于经济史学家所要考虑的时间跨度更长,借此,他们可以更充分地关注制度方面的变化。[1]

从本质上讲,计量史学源于史学,在过去的一个半世纪里,它对理论的关注实际上兜了一个圈又回到了原地。经济学学科中的数学运动、先进的计算机技术,以及经济学领域转而关注历史的作用,所有这些都使得"新"经济史得以扩散,重画了经济学的版图。计量史学强调理论和形式化建模(formal modeling),这一点将它与"旧"经济史区分开来,现在,这却使经济史和经济理论之间的界限模糊不清,以至于有人质疑经济史学家是否有存在的必要,而且在许多经济学系,经济史学家实际上已经不再被认为是必需。[2]本章的重点是,详细介绍计量史学(即对经济史的定量研究)这门学科的历史,并概述其在经济史学科内的发展历程。

---

[1] 对于经济史学家作用的讨论,见戈尔丁(Goldin,1995)、米奇(Mitch,2011)和托尼(Tawney,1933)的研究。

[2] 见特明(Temin,2014)的研究。

计量史学

许多学术文章都对计量史学进行过界定和总结。[1]它们基本上都是从一个显而易见的事实讲起,即计量史学是运用经济理论和量化手段来研究历史的。接着会谈到这个名字的起源,即它是由克利俄(Clio,司掌历史的缪斯女神)与度量(metrics,"计量"或"量化的技术")合成,据说,这个词是经济学家斯坦利·赖特(Stanley Reiter)在与经济史学家兰斯·戴维斯(Lance Davis)和乔纳森·休斯(Jonathan Hughes)合作时所创造的。[2]在这些学术文章里,人们讲述了该学科的发展历程,强调了它主要的贡献,而且提到了它的毁谤者。尽管本章将会重述其中一些内容,但本章的意图与其说是为计量史学史再添一笔[3],不如说是在强调该学科历史上有哪些文献以及计量史学源自何处。

在德鲁弗雷(Cristel de Rouvray,2004a,2004b,2014)对美国经济史的研究中,她将计量史学描述为一门旨在理解过去经济事件的起因、变化和结果的学科,将其归结为一场将研究从叙事形式转变为数学形式的运动。她对计量史学下的定义并不独特,但她关注引发计量史学革命的历史细节,这一点无可比拟。

计量史学的缘起可以追溯至经济史学的发端。19世纪晚期,经济史学在德国和英国发展成为独立的学科。1892年,随着威廉·詹姆斯·阿什利(William James Ashley)前往美国,经济史学在美国落地*并最终发展壮大。

---

[1]　例如,可以参阅恩格尔曼(Engerman,1996)、弗劳德(Floud,1991)、莱昂斯等人(Lyons et al.,2008)、威廉姆森(Williamson,1991,1994)、威廉姆森和霍普里斯(Williamson and Whaples,2003)的研究。

[2]　参见威廉姆森和霍普里斯(Williamson and Whaples,2003)的文章。

[3]　对于计量史学的发展概况,见卡洛斯(Carlos,2010)、科茨(Coats,1980)、克拉夫茨(Crafts,1987)、费诺阿尔泰亚(Fenoaltea,1973)、格雷夫(Greif,1997)、拉莫罗(Lamoreaux,1998)、利贝卡(Libecap,1997)、迈耶(Meyer,1997)和诺思(North,1997)的论述。

*　阿什利在1892—1901年间一直担任哈佛大学经济史教授。——译者注

然而,经济史学并未很快崭露头角,它现身后也未被公众接受。

如今,计量史学与它的前辈经济史关系密切,但二者却未必是一回事。虽然计量史学会与其美国同仁——经济史协会的会员大量交叠,但后者历史系的会员多于前者。实际上,对计量史学运动最猛烈的抨击是,由于它注重量化方法和新古典理论①,使得历史学系和经济学系的经济史研究者之间产生了隔阂(Boldizzoni,2011)。②

尽管当前关系不睦,但计量史学的存在确实要归功于经济史学,它是在20世纪下半叶从该学科中发展起来的。经济史学家具备的技能,计量史学家都有。1941年,埃德温·盖伊(Edwin Gay)就任经济史协会会长。他在就职演讲中指出,经济史学家需要具备两套技能,要想完成他们的任务,就需要将这两套技能结合起来。他认为,培养经济学家与历史学家的技法至关重要,但这并非易事。③在过去的四分之三个世纪里,这一点并未发生改变。所改变的是,那些经济学手段在很大程度上变得更加正规,也更需要技术。

计量史学家和历史学家今时之纠葛,与经济学家和历史学家之间19世纪即已开始的冲突并无太大差别。卡尔·门格尔(Carl Menger,1884)把历史学家比作外来的征服者,抱怨他们将自己的术语和方法强加给经济学家。半个世纪以后,阿什顿(Ashton,1946)指责那些反对将经济学理论应用于历史学的人,认为他们并未真正了解经济学的真髓。

尽管经济史一直以定性研究为主,但是最先将定量的方法应用于该学科的,并不是计量史学。早在17世纪,学者们就试图通过对数据加以研究来对经济史的某些方面作出解释(D'Avenant,1699;Graunt,1662)。

---

① 或许迪尔德丽·南森·麦克洛斯基一直以来让所有的经济学家(不仅仅是经济史学家)担负起将知识前沿向前推动的责任,而不是简单地使用最新的技术去计量某事,仅因为它可以被计量。在这方面,她起的作用远超他人。请参阅麦克洛斯基(McCloskey,1978,1985,1987,2006)的研究。

② 关于早些时候理论和数学侵蚀历史研究的叹惋,见布罗代尔(Braudel,1949)、波拉尼(Polanyi,1944)的著作。

③ 对于融合历史学家和经济学家技能的观点,另见阿什利(Ashley,1927)、阿什顿(Ashton,1946)、高尔曼(Gallman,1965)、麦克洛斯基(McCloskey,1986)和尼夫(Nef,1941)的研究。

1707 年，威廉·弗利特伍德（William Fleetwood）主教撰写了《物价纪录》（*Chronicon Preciosum*）。一篇优秀的计量史学文章该当如何？它是先导。弗利特伍德使用的是价格和工资的档案记录，他以此测度出，随着时间推移，货币的价值在下降。然而，他做这项研究是为了保留自己在剑桥的院士席位，这并非计量史学争论贯常的做法。

实际上，大致而言，为了与古典理论抗争，计量史学应运而生，在创立之初，它会回避使用统计技术。到 20 世纪 20 年代，人们对理论和统计学的态度开始变得和缓。计量史学是这一理论-量化传统的延续，迄今已有近百年的历史。经济理论的发展、经济学与其他学科方法的融合、计算能力的增长都使计量史学得以巩固。计算能力的增长对分析数据和分发数据的能力影响深远。

经济史学科

经济史成为一门正式的学科，最早可追溯至 19 世纪晚期，尽管早在这之前就已经有关于经济史主题的书籍了。哈特（Harte，1971）指出，早在 17 世纪就已有人在对经济问题作历史分析了，即解决由"政治算术"（political arithmetic）风尚所创造出来的宏观经济问题。威廉·坦普尔爵士（Sir William Temple，1672）和约翰·伊夫林（John Evelyn，1674）的著作都属于今天人们公认的最早一批经济史著作，二者都是为了解决当时由国际政治和经济竞争所引发的忧虑而写就。

在英国，研究英国经济史者有其先例。早在 19 世纪 50 年代，在黑利伯瑞（Haileybury）教授政治经济学的理查德·琼斯（Richard Jones）就呼吁人们更多地关注经济活动发生的历史背景。在此后的一代人中，爱尔兰的约翰·凯尔斯·英格拉姆（John Kells Ingram）和克利夫·莱斯利（Cliffe Leslie）都建议在经济学中更多使用历史学的方法，他们都是著名的倡导者。

经济史诞生之前，就有政治经济系和历史系，但二者并非自然就是经济史的发源地。政治经济学系往往不关注历史，一如科尔（Cole，1968）在他对美国经济史的概述中所言，在 19 世纪，由历史系培养出来的学者的普遍做法,是只把经济因素视为变革的一个原因,而且并不一定是最重要的原因。

19 世纪中叶,经济史学科第一个正式的组织在德国出现了。在某种程度上,这是由于德国有意制定最适当的经济政策,以便当时尚在发展中的州去遵循。反过来,19 世纪末,经济史在英国成为一门学科,这主要是因为社会关注城市工人阶级的贫困问题。[①]

在德国,威廉·罗雪尔(Wilhelm Roscher)的《历史方法的国民经济学讲义大纲》(*Grundriss zu Vorlesungen Uber die Staatswirthschaft: Nach Geschichtlicher Methode*)一书于 1843 年出版以后,经济学的方法发生了改变。罗雪尔是一位历史经济学家,他与弗里德里希·李斯特(Friedrich List)、布鲁诺·希尔德布兰德(Bruno Hildebrand)、卡尔·克尼斯(Karl Knies)以及后来的古斯塔夫·施穆勒(Gustav Schmoller)一道,关注过去以及当时的经济活动和制度。及至 19 世纪末,他们发表的许多经济史研究都与英国有关,但却很少有被译成英文的。[②]

经济史最早的形式是叙述,偶尔会用一点定量数据来对叙述予以强化。19 世纪末,正规的经济史学在德国和英国开始逐渐形成,而此时,德国的施穆勒和英国的约翰·克拉潘爵士(Sir John Clapham)等学术权威试图在不依赖标准经济理论的情况下发展经济史学。克拉潘(Clapham,1929)认为,就经济理论的核心问题而言,尽管它是按照特定的历史阶段来表述的,但其本质上不以历史为转移。半个多世纪以来,经济史的著述普遍持有这种观点,鲜有例外。人们偶尔会收集数据,即使这么做了,也很少对收集到的数据进行运用,很少用数据来检验数学命题,而经济模型几乎不为人所知。

到 19 世纪 70 年代,政治经济学卷入方法论之争(Methodenstreit)。学者们所争论的是,经济学应该是归纳的(发展理论,为事实提供证据),还是演绎的(搜集事实,得出某种结论)。这场辩论带来了三个方面的进展,为历史经济学(historical economics)铺平了道路:政治经济学造就了经济学

---

① 阿什利(Ashley,1893,1927)、卡梅伦(Cameron,1976)、克拉法姆(Clapham,1931)、哈特(Harte,1971)、卡迪什(Kadish,1989)、马洛尼(Maloney,1976)和米奇(Mitch,2010,2011)都论述过经济史学科的发展。

② 对 1850 年前撰写的德语经济学文稿的综述,请参阅莱纳特和卡彭特(Reinert and Carpenter,2014)的论述。

（economic），后者不再把问题搞得过于简单；彻底调查社会问题及其起因，使得人们对具有经济诱因的问题之根源产生了兴趣；"有关历史的"自然科学突然爆发，演化的观点产生了（想想达尔文主义）。

在叛离古典经济学演绎理论的过程中，经济史成为一门独特的学科，德国的罗雪尔、克尼斯、希尔德布兰德、李斯特和施穆勒，英国的莱斯利、英格拉姆、威廉·阿什利和克拉潘是其领军人物。历史学派的初衷是，用通过研究历史归纳出的理论，来替代他们认为不切实际的演绎经济学理论。他们认为，人类和人类组织的知识主要来自历史，而历史在文化和时间两个向度上是独特的，在时间或空间上不能一概而论。因此，一般性的理论毫无用处。他们的观点是，最好从实证和历史分析的角度出发，而不是用抽象的理论和演绎来研究经济学。

历史学派与抽象理论相悖离，它对抽象理论的方法、基本假设和结果都批评甚多。德国与英国之间的民族主义较量日趋激烈，李斯特（List，1877）是德国的喉舌。在英国，现代政治经济学（modern political economy）大行其道，而它建立在抽象理论的实践之上。李斯特指责理论家们未认识到国家经济发展阶段的历史相对性，也没有认识到论及一个国家的生产力时也涉及历史相对主义。

克尼斯（Knies，1853）也表示反对"理论绝对论"（absolutism of theory），反对大卫·李嘉图和亚当·斯密这样的经济学家。他声称，大卫·李嘉图等人的整个演绎体系都是建立在一个假设之上，即出于利己主义的选择带来了整体利益。克尼斯和其他历史经济学家一样，要求在考虑任何一种人类行为时，都将复杂的动机和利益全部纳入考量。在不同的场合和不同的时期，这些动机和利益的强烈程度会发生变化。历史学派所有的成员（但主要还是罗雪尔）都强调，比较的方法对于理解个人和制度至关重要。

在施穆勒之前，历史经济学家们在史学领域安营扎寨较多，对经济学涉猎较少。施穆勒的研究一个显著的特征是，它旨在对制度的起源、发展、存续和变化作出解释，只要这些制度在经济生活方面有影响。虽然施穆勒接受的是历史学派的训练，但和别人不同的是，他重视经济学，这一点使得他可能是第一位真正的经济史学家。

9

施穆勒师从罗雪尔,他认为社会科学需要更为复杂的数学处理,原因是需要考虑的社会互动过于庞杂。施穆勒认为,对于那些可计量的变量来说,统计学是进行历史研究时非常宝贵的辅助工具,但是涉及其他相关联的事实和理论时,他总会质疑数据的来源和对数据的解读。然而,他愿意走到这一步,就已经是他与他的导师和其他历史学前辈不同的地方了。

19世纪80年代,经济学历史学派开始分道扬镳。比较保守的一派,即继承历史学派(老一派)衣钵的历史经济学家们完全不再使用理论,这一派以阿道夫·瓦格纳(Adolph Wagner)为首。这项工作很重要,也有价值,但凡勃伦(Veblen,1901)认为这种保守的历史经济学丧失了理论,因此根本就不是经济学。另一派以施穆勒为代表,第一代美国经济史学家即源于此处。

在英国,阿尔弗雷德·马歇尔(Alfred Marshall)和弗朗西斯·埃奇沃斯(Francis Edgeworth)代表着"老一派"的对立面,在将形式化的数学模型纳入经济学的运动中,他们站在最前沿。埃奇沃斯在1877年出版了《伦理学的新旧方法》(*New and Old Methods of Ethics*)*,这促使马歇尔写信给他说:"在与人类行为有关的科学中,对于数学的前景,我们的看法似乎非常一致。"[①]马歇尔(Marshall,1897)认为,数学是构建绝对真实论证的一种方法。尽管历史学家要求有事实和数字,但马歇尔强调,在理论基础尚未建立之前就一头扎进这些事实和数字里是有危险的。

19世纪后期,人们对经济史越来越感兴趣,后来就开始有考试,这就需要有教师。1875年,经济史被纳入剑桥大学历史学士学位考试(History Tripos)的考试科目中,使威廉·坎宁安(William Cunningham)在1882年出版了该学科第一本英文教科书。1898年,经由历史学士学位考试产生了第一位完全合格的经济史学家——约翰·哈罗德·克拉潘。[②]

坎宁安对经济史有两项开创性贡献:一是他毕生都在完善自己的教科书

---

① 请参阅温特劳布(Weintraub,2002:21)的著作。

② 请参阅特里布(Tribe,2000)的论文。

* 全名为:*New and Old Methods of Ethics or*,"*Physical Ethics*" *and* "*Methods of Ethics*"。——译者注

(Cunningham，1882)，以此来推动经济史学科的发展，这本教科书发行了五版并扩增至三卷；二是他为使经济史的方法获得公众和学术界认可(Cunningham，1892)而积极奔走。坎宁安是剑桥大学政治经济学讲席教授的候选人，而这一职位在1885年被授予了马歇尔，此后余生，这两人的矛盾不可化解，这对于促进经济史学科的发展毫无助益。

在坎宁安看来，剑桥大学选择马歇尔作为讲席教授，意味着在经济学中他们青睐反历史的方法。马歇尔在自己领域取得胜利，意味着20世纪前夕经济学中，演绎法几乎完胜归纳法。

随着伦敦政治经济学院(London School of Economics，LSE)在1895年开办，经济史便开始有了一个正式的立足点。伦敦政治经济学院的创立于正统经济学的教义而言属离经叛道之举，因此经济史打从一开始就是一个重要的存在。伦敦政治经济学院首任院长是一位年轻的经济史学家，名叫W.A.S.休因斯(W.A.S. Hewins)。1901年，伦敦政治经济学院成为英国第一所颁发经济学学位的大学，经济史专业也可能获得学位。首批教授这门学科的教师是休因斯和坎宁安。

在法国，年鉴学派(Annales School)占据上风，他们主要关注中世纪晚期和近代早期的欧洲。年鉴学派是由法国历史学家所开创，强调的是从长时段来看待社会历史。该学派不再强调政治主题，而对社会主题予以重视，在主张历史学家们要采用社会科学的方法方面极具影响力。斯托亚诺维奇(Stoianovich，1976)和福斯特(Forster，1978)认为，历史研究从讲述故事转向解决问题，这要得益于年鉴学派历史研究中的功能主义和结构主义方法。

20世纪初，历史学派用归纳理论取代演绎理论的尝试似乎失败了。事实上，经济学这门学科在方法上变得演绎性更强。随着自然科学声誉日隆，让经济学成为一门科学的运动兴起，此时转而形成一种新认知，即经济学想要在社会科学的顶峰占据一席之地，就需要将其形式化，并且要更多地依赖数学模型。①之后一个时期，史学运动(historical movement)衰落，历史经济学陷入历史的低谷。

---

① 对于经济中数学运动的历史，见温特劳布(Weintraub，2002)的著作。

11   第一次世界大战以后,经济学家研究方法的理论化程度降低了,他们更多地采用统计学的方法,美国国家经济研究局(National Bureau of Economic Research)的创立就是一个实例,下文将对其进行讨论。这场运动使得经济学家和历史学家彼此靠近了一些,并且带来另外一个好处——它迫使所有派别的历史学家对不严谨、无根据的归纳不再那么宽容。巅峰时刻来临:1926 年,第一个经济史的专门学会——经济史学会在英国成立,随后,第一家经济史专刊——《经济史评论》(*Economic History Review*)在 1927 年创办。①

美国的经济史

美国学者从一开始就对数据感兴趣。美国统计学协会(American Statistical Association)成立于 1839 年,其成员中就不乏非常重视汇编时间序列数据者。到 19 世纪末,不少州与地方的历史学会乃至美国古文物学会(American Antiquarian Society,成立于 1884 年)都可以夸耀,他们在数据积累方面不遗余力。1790 年以降,联邦人口普查(federal census)兴盛一时,1850 年以后,人们对经济计量的关注有了提升。顺着这些线索,最早的经济史题材的论著在美国出版,包括弗里曼·亨特(Freeman Hunt, 1858)的《美国商人的生活》(*Lives of American Merchants*)、詹姆斯·L.毕晓普(James L. Bishop, 1861)的《美国制造业史(1608—1860)》(*History of American Manufactures from 1608 to 1860*),以及托马斯·P.克特尔(Thomas P. Kettell, 1870)的《美国的百年历程》(*One Hundred Years' Progress of the United States*)。甚至在更早的时候,就有以时间序列形式积累的定量数据,例如蒂莫西·皮特金(Timothy Pitkin, 1816)的《美国商业的统计学观点》(*Statistical View of the Commerce of the United States*)、亚当·西伯特(Adam Seybert, 1818)的《统计年鉴》(*Statistical Annals*)。

---

① 对于经济史学会的历史,见巴克(Barker, 1977)、伯格尔(Berg, 1992)和哈特(Harte, 2001)的论述。

在第一次世界大战之前,经济史研究没有专门的出版渠道,但越来越多的主流经济学期刊偶尔会发表该领域的研究成果。最早刊发的经济史类文章,包括查尔斯·F.邓巴(Charles F. Dunbar)所著的《美国的经济科学》(Economic Science in America),该文于 1876 年 1 月发表在《北美评论》(*North American Review*)上,还有盖伊·卡伦德(Guy Callender,1903)关于美国早期交通运输和银行业的文章,该文于 1903 年发表在《经济学季刊》(*Quarterly Journal of Economics*)上。

美国经济史自哈佛大学发轫。邓巴是美国首位政治经济学教授,也是哈佛大学经济系的创始人,他与同事弗兰克·W.陶西格(Frank W. Taussig)一起教授名为"美国金融史"和"美国关税史"的课程。1882 年,J.劳伦斯·劳克林(J. Laurence Laughlin)和陶西格一起开设了一门关于美国银行业和金融立法的课程,他还讲授政治经济学史。后来,劳克林创建了芝加哥大学经济系。1883 年,邓巴讲授了"七年战争以来的欧美经济史",陶西格讲授了"关税立法史"。1888 年,陶西格的《美国关税史》(*Tariff History of the United States*)第一版发行。

1892 年,在邓巴和陶西格的主导下,威廉·阿什利受聘成为世界上首位经济史讲席教授。阿什利在 1888 年出版了关于英国羊毛工业的著作,他因此在经济史领域名声大振。

阿什利师从牛津学者阿诺德·汤因比(Arnold Toynbee)和柏林的施穆勒,汤因比造出了"工业革命"这个词。1885 年,阿什利离开了牛津大学,出任多伦多大学政治经济学和宪政史教授,并出版了他的巨著《英国经济史及经济学说史导论》(*An Introduction to English Economic History and Theory*)。该书第二卷于 1893 年出版,这是阿什利搬到哈佛的第二年,他在哈佛一直工作到 1901 年。阿什利(Ashley,1927)主张,在开设一般经济理论(即政治经济学)课程的同时,要开设一门经济史课程。在阿什利职业生涯的晚期,他提倡使用统计学,他认为对各个重要的经济学系而言,统计学将成为其不可或缺的部分。

阿什利受德国学术研究影响颇深,他在哈佛大学的继任者埃德温·盖伊也是如此。盖伊在 1890 年前往德国,先后在莱比锡和柏林研读中世纪史和教会史的研究生课程。1893 年,他在柏林参加了施穆勒的经济史专题研讨

12

班,转而改奉历史学派。盖伊甚少动笔,但却将德国学院里的规范和技术——秉笔直书的方法论原则——传授给了同僚与学生。盖伊在教学过程中采用多学科的方法,这也是他从施穆勒处习得的原则。施穆勒这句教诲很出名,他说,"啊,我的孩子们,一切都很复杂",言语间流露出他的坚持,即必须始终谨记大局。盖伊教导他的学生,为解释这种复杂性,所作的假设要将多种方法反映出来,要将社会的、政治的、国际的、心理的和经济的方法都包括在内。邓巴、阿什利和盖伊引入了德国"发展阶段"的概念,引入了一个特别重要的"起飞"时代的概念,此即汤因比(Toynbee,1884)所谓的"工业革命",他们甚至还引入了许多对工业体系的批评(汤因比的著作对此特别关注),很快地,"扒粪者"(muckrakers)开始因此变得干劲十足,随后,社会改革者亦因此而能量满满。

盖伊培养出一批博士,他们颇值得一提,其中包括切斯特·赖特(Chester Wright)、诺曼·S. B.格拉斯(Norman S. B. Gras)、阿博特·厄舍(Abbott Usher)、朱利叶斯·克莱因(Julius Klein)和厄尔·J.汉密尔顿(Earl J. Hamilton)。这些人认为经济史(或后来的商业史)是经济理论的附属物,他们都以这样或那样的方式表达了这一观点。在《美国经济史》(*Economic History of the United States*)一书中,赖特(Wright,1941)试图究极其中关系。格拉斯(Gras,1962)也这样做了,他试图将德国"经济阶段"的体系扩展到资本主义中来。但是,美国对经济史作出的首次重大贡献,可能要归功于威斯康星的弗雷德里克·J.特纳(Frederick J. Turner,1893)对美国边疆的研究。

在20世纪最初的几十年里,即使经济史在学科领域内影响不大,它也已经在不同的院系中散布开来。许多一流的机构都设立了经济史讲席教授,但是由于缺少专门的期刊或学会,难以借此来促推经济史研究,所以该学科很难获得人们关注。之所以会存在这个问题,是因为人们对科学方法及其在经济学中的应用潜力越来越着迷,英国的马歇尔所推崇的理论研究法就是例证,但经济史学家对此深恶痛绝。这在美国则体现在做经济预测的学者不断增多,最终促成了美国国家经济研究局的创设,弗里德曼(Friedman,2014)对此有详细的论述。

美国国家经济研究局

韦斯利·C.米契尔（Wesley C. Mitchell）认为,经济理论不是不变的法则,它顺势而立,应时而变。他感兴趣的是,将经济学拓展成为一个考虑人类实际行为的领域,这一点受了他在芝加哥的导师——索尔斯坦·凡勃伦的影响。米契尔（Mitchell,1913）在《商业周期》（*Business Cycles*）一书中将商业数据汇集在一起,还对各种序列的数据进行了评论,这似乎预示着商业周期运动的新理论出现了。亚瑟·伯恩斯（Arthur Burns）认为,在马歇尔于1890年出版《经济学原理》（*Principles of Economics*）之后,在凯恩斯于1936年出版《就业、利息和货币通论》（*The General Theory of Employment, Interest and Money*）之前,经济学方面最重要的一部文稿就是《商业周期》。①

一战以后,新的探索领域证明研究技术在不断进步着。商业周期拓出一片天地,因其相对新颖而让人兴奋。阿瑟·科尔（Arthur Cole,1930）试图利用美国内战前的时间序列数据,将其作为沃伦·珀森斯（Warren Persons,1919）A、B、C曲线的早期样本*,从而使商业周期分析向前回溯。在哥伦比亚大学的社会科学研究委员会（Columbia's Council for Research in the Social Sciences）,盖尔等人（Gayer et al.,1953）利用英国1790—1850年的数据,合作进行了一项多少有些类似的研究。就这样,美国经济史学家在使用统计工具方面取得了长足进步。

一战中,在埃德温·盖伊为美国政府服务期间,他开始明白需要有更好的经济统计数据。由盖伊和米契尔领导的中央计划统计局（Central Bureau of Planning and Statistics）负责收集和公布统计数据,在他们二人的协助之下,美国国家经济研究局得以创设,该机构在促进收集和诠释历史统计数据方面发挥了作用。

---

① 参见弗里德曼（Friedman,2014:174）的著作。

* 1875—1913年一般商业状况的双月指数,包含三组曲线,分别代表投机、商业和货币。——译者注

从 1921 年 2 月美国国家经济研究局成立到 1945 年为止,米契尔一直担任局长。他收集了大量实证的经济数据,目的在于从中得出归纳性的一般结论。他希望依仗专家分析和统计调查来使社会得到改善。他认为,发布科学客观的数据和提高对商业周期的认识是有好处的,这有助于政府和商界领袖制定出消除商业周期的反周期政策。

米契尔认为商业周期这种现象全球都有,他用历史的方法去诠释商业周期,又急切呼吁从世界各地收集更多的数据。美国国家经济研究局在这项数据收集工作中发挥了核心作用,那里可以算得上是统计经济学家们的一个安乐窝。国家经济研究局的任务,是收集与美国经济相关的各种实证信息,目的在于为理论归纳奠定坚实的基础。

14　　　　一战以后,统计资料的使用范围扩大了,人们也能更熟练地使用这些资料,导致对经济史的关注减少了、资源流失了。经济史的资源和研究生开始流向"应用"领域,例如国际金融、统计和商业周期。大萧条使情况变得更加糟糕。因为主要的大学规定,它们的研究生课程中有一个学期要学习经济史,所以注册研修经济史课程的学生人数保持稳定,但是在这个领域进行著述的人减少了。诺曼·格拉斯(Gras, 1931)就当时的情况悲观地总结道,经济史被大学忽视了,他们认为经济史这门学科虽然非常特殊,但缺少智性适应力(intellectual resilience)。

在美国国家经济研究局的推动下,经济史最终从强调叙述性研究转向了强调定量研究。米契尔、西蒙·库兹涅茨(Simon Kuznets)、亚瑟·伯恩斯、所罗门·法布里坎特(Solomon Fabricant)和哈罗德·巴杰(Harold Barger)在美国国家经济研究局期间,对美国的经济增长进行了一系列的定量描述,对早在 19 世纪 70 年代的经济增长情况进行了测度。在美国人口普查局(United States Census Bureau, 1960)的赞助下,一个由学者组成的委员会编制了《美国历史统计》(Historical statistics of the United States),这是使用定量方法分析经济史的巅峰时刻。

随着时间的推移,可以看出经济史是实证的,也呈现出多学科的特点。说它是实证的,是因为它所要研究的是过去的事实。可以将事实量化——一如美国国家经济研究局所强调的那样,也可以对事实定性——德国历史学派认为这是经济史学家的职责所在。因为经济史学家将历史视为可以检验经济假设的实验室,从这个意义上讲,经济史也是实证的。

商业史

第一次世界大战以后,商业史领域蓬勃发展。1919 年,华莱士·B.多纳姆(Wallace B. Donham)接替埃德温·盖伊担任哈佛商学院院长,哈佛商学院开始研究商业史。盖伊鼓励他的一些学生继续在这个学科领域探索。多纳姆的野心不仅仅是引导研究生们来研究商业史。20 世纪 20 年代初,多纳姆帮助创建了商业史学会,并为设立商业史讲席教授募集资金,这一职位由诺曼·格拉斯充任。* 在多纳姆的督导之下,《经济与商业史》(*Journal of Economic and Business History*)杂志刊行。在美国,它是第一份经济史专刊;在世界范围内,它是第一份将经济史与商业史相结合的杂志。格拉斯和盖伊心生嫌隙,最终导致格拉斯被隔绝在经济史之外,而经济史主要由盖伊的门生把持,商业史也逐渐成为一个独立的研究领域。

商业史和经济史之间存在诸多差异,科尔(Cole,1945)对此进行过讨论,格拉斯(Gras,1962)列举出七条差别。二者最大的差异是,经济史源于经济理论,而商业史使用经济理论。心理学、政治学、社会学等学科在商业史中都有应用,但没有哪一门学科的作用比其他学科更胜一筹。

格拉斯真正沿用施穆勒的方式,对公司档案进行了详细的研究。在他的领导下,商业史这一派叙事的形式成形了。关于企业家在经济史领域起到了什么作用,格拉斯的同僚——哈佛大学的阿瑟·H.科尔承诺要对这方面的研究给予资助,后文将会对此详加说明。

盖伊培育了美国的第一代经济史学家,与其类似,他的学生格拉斯也担负着培养整整一代商业史学家的责任。格拉斯和他的追随者们认为,企业之所以重要,是因为企业存在差异(即异质性),它们并不是同质化的利润最

15

---

* 诺曼·格拉斯的导师是哈佛商学院第一任院长埃德温·盖伊。1927 年格拉斯在第二任院长华莱士·多纳姆的支持下,任职哈佛商学院首任商业史讲席教授,这标志着商业史开始成为一个独立的研究领域。——译者注

大化实体,是经济学家把它们模式化了。格拉斯明确了该学科的研究主题和方法,商业史领域第一篇总论(Gras, 1939)由其撰写。格拉斯曾任《哈佛商业史研究》(*Harvard Studies in Business History*)主编*,并且在 1926—1953 年间担任《商业史学会通报》(*Bulletin of the Business Historical Society*)的编辑。1954 年,《商业史学会通报》更名为《商业史评论》(*Business History Review*)。

大萧条对商业史学会很不利。资金消耗殆尽,哈佛商学院不得不将活动缩减至最低限度,商业史从一般性研究转向研究公司的历史和为商人作传,因为从私人渠道获得资金比较容易。

商业史的另一个重要贡献在于它关注创业精神。哈佛大学创业史研究中心(Research Center in Entrepreneurial History,存续期为 1948—1958 年)由阿瑟·科尔统帅,该中心得到了洛克菲勒基金会(Rockefeller Foundation)一笔款项的资助。洛克菲勒基金会支持和鼓励经济史研究,对创业史研究中心予以资助是其所作努力的一个部分。哈佛大学创业史研究中心所使用的方法涉及多门学科,使社会学家、经济学家和商业史学家齐聚一堂,其中包括约瑟夫·熊彼特(Joseph Schumpeter)、托马斯·科克伦(Thomas Cochran)、戴维·兰德斯(David Landes)和阿尔弗雷德·D.钱德勒(Alfred D. Chandler)等杰出人物。该中心愿意去解决关于创业精神于经济发展而言有何意义这类重大问题,这是它的特色。

科尔把重点放在创业者上,在这个统一的主题下,所有的问题(增长、变化和发展等)都可以被人所理解。创业史研究中心重视对创业精神进行研究,但他们从一开始就面临一个问题,那就是确定什么是创业精神,这个问题在中心存续期间一直困扰着他们。1958 年,该中心再未获得资助,就此关

---

* 1931 年,哈佛商学院首任商业史讲席教授格拉斯向商学院院长华莱士·多纳姆提议编撰"哈佛企业史丛书"(Harvard Studies in Business History)。在商学院与哈佛商业史学会的支持下,丛书的编撰工作自此开始。丛书自 1931 年出版以来,相继经历了格拉斯、亨丽塔·M.拉森(Henrietta M. Larson)、拉尔夫·威拉德·海迪(Ralph Willard Hidy)、阿尔弗雷德·D.钱德勒(Alfred D. Chandler)、托马斯·K.麦克劳(Thomas K. McCraw)、杰弗里·琼斯(Geoffrey Jones)六位主编,至今已经推出 54 部商业史研究经典著作,出版历时近百年。——译者注

门大吉。中心在停办之前就创办了《创业史探索》(*Explorations in Entrepreneurial History*)杂志,1949 年创刊时的最初构想是将其作为内部刊物,并且在 1958 年之前一直以这个形式出版。《创业史探索》在 1963 年复刊,被称为《创业史探索(第二辑)》,该年出版了第 1 卷,依此对它的卷、期号重新进行了安排,并最终在 1969 年更名为《经济史探索》(*Explorations in Economic History*)。[1]

在洛克菲勒基金会的智识推动和资金支持下,经济史研究委员会(Committee on Research in Economic History, CREH)[2]于 1941 年成立。基金会分四年为其提供了一笔 30 万美元的资助。经济史研究委员会的成员都在担心,数学和技术经济学将在经济史学科中占据上风。他们最担心的是,历史的视角肯定会丧失,而且当下的问题不会被放置在历史背景下去考量。经济史研究委员会提出对 1860 年之前的政府,特别是州政府的作用进行考察,这获得了几乎所有人的支持。它还承担着美国人口普查局《美国历史统计》的研究工作。

在科尔将创业精神作为一个可能让人感兴趣的领域引入之前,经济史研究委员会一直缺乏一个统一的主题。接受资助进行研究从本质上来讲会有折中,会杂乱无章,洛克菲勒基金会成员库兹涅茨和罗伯特·沃伦(Robert Warren)对此感到沮丧。1942 年,这个问题令库兹涅茨有意请辞,但他被说服留任直到战争结束。沃伦却主动出击,他游说基金会,阻止其 1945 年再对经济史研究委员会给予资助,他甚至质疑让经济史这个领域游离于经济学之外是否合理。尽管有这样的抗议,洛克菲勒基金会仍旧批准延长资助,为期五年。最后,经济史研究委员会再未得到资助,但这笔资金被交付给总部设在哈佛、由科尔领导的创业史研究中心。

经济史协会的创建

建立一个美国经济史学会最初的行动迹象,在厄尔·J.汉密尔顿写给

---

[1]　休·艾特肯(Hugh Aitken, 1965)将《创业史探索》上刊发的一些好文章结集出版。
[2]　对于经济史研究会的历史,见科尔(Cole, 1953, 1970)的论文。

安妮·贝赞森（Anne Bezanson）的一封信中显现，汉密尔顿在信中敦促贝赞森向她的导师埃德温·盖伊提出建立美国经济史协会相关事宜。[①]人们普遍认为，盖伊是 20 世纪上半叶最具影响力的美国经济史学家，他最终荣任经济史协会第一任会长，是经济史领域备受尊崇的人物。盖伊在哈佛大学期间培养了一批当代经济史学家。1936 年从该校退休后，盖伊来到了加州圣莫尼卡（Santa Monica）的亨廷顿图书馆（Huntington Library）。尽管盖伊身处遥远的西海岸，也完全退出了学术界，但他依旧活力满满，被公认为是创建一个美国经济史组织的中流砥柱。汉密尔顿在 1937 年 5 月写给贝赞森的信中说："……您和我都知道，在这项艰难的事业中，唯有他（盖伊）有机会取得成功。"[②]

建立美国经济史学会，部分原因是人们心怀忧虑。美国的经济史由埃德温·盖伊的学生所把持，他们所习得的是实证、归纳的经济史研究方法，而数学方法发展得如火如荼，使经济史陷入生死攸关的局面，他们想找到一个避难所。汉密尔顿是盖伊的门生，他第一个作出尝试，试图去走出困局。1937 年，汉密尔顿试图召集同仁在美国成立一个经济史协会，他担心美国经济协会正计划在其年会上取消经济史会议。汉密尔顿壮志未酬，部分原因是人们担心英国经济史学会遭到美国经济史协会的蚕食，致使二者都力量微弱。几年以后，汉密尔顿又作了一次尝试，这一次他成功了。

17 第二次世界大战爆发后，人们预计战争会使欧美之间的科学交流减少，这方面的因素最终使得美国经济史协会成功创设。在美国历史协会 1939 年于华盛顿举行的会议上，赫伯特·A.凯勒（Herbert A. Kellar）将一群感兴趣的学者召集在一起，决定成立工业史学会。同月，美国经济协会在费城举行会议，会议期间，汉密尔顿召集了（美国经济史协会的）筹划指导委员会，由阿瑟·科尔担任主席，成员有赫伯特·希顿（Herbert Heaton，任副主席）、汉密尔顿和安妮·贝赞森（担任秘书）。汉密尔顿等人肩负组建一个组织的责任，这个组织与已有的任何学会都无瓜葛。他们还要与已有的组织展开

---

① 有不少论著介绍了美国经济协会的历史，比如艾特肯（Aitken，1963，1975）、克拉夫（Clough，1970）、科尔（Cole，1968，1974）、德鲁弗雷（de Rouvray，2004a）、豪珀特（Haupert，2005）和希顿（Heaton，1941，1965a，1965b）的论述。

② 引自经济史协会的档案。

合作,负责招募成员入会,以及为出版一份期刊拟订计划。

筹划指导委员会处事谨慎,担心会侵蚀已有学会的会员,并且在共同的利益上对其造成损害。他们首先要做的,是在 1940 年 12 月安排两次会议,包括在纽约与历史学家们合作办会,以及在新奥尔良与经济学家们联合召开会议。他们还要开展一项调查,来弄清楚人们对创立一个经济史协会的态度。贝赞森给 500 多名潜在的会员发去信函,400 多人回复表示赞成。有鉴于此,汉密尔顿安排在新奥尔良召开会议,希顿则在纽约组织会议。

1940 年 12 月 27 日,经济史协会与美国历史协会在纽约市举行联席会议,这是它首次登台亮相。会议的主题是"商业周期与历史学家"(The Business Cycle and the Historian),由赫布·费斯(Herb Feis)主持。12 月 28 日,经济史协会首次单独召开会议,由阿博特·厄舍教授主持,议题是"未来十年的经济史学"(The Next Decade in Economic Historiography)。随后召开了业务会议,在会上正式确定了组建协会的步骤。埃德温·盖伊被任命为首任会长,谢泼德·B.克拉夫(Shepard B. Clough)担任秘书兼财务主管,与会者还为敲定新期刊的出版机构作了安排。大约一个月以后,E.A.J. 约翰逊(E.A.J. Johnson)被任命为新刊《经济史杂志》的主编,克拉夫为副主编,威妮弗雷德·卡罗尔(Winifred Carroll)为助理编辑。《经济史杂志》于 1941 年发刊,距确定编辑团队仅过了 4 个月。经济史协会在 1941 年秋季第一次独立举办会议,会址设在普林斯顿,会议由哈罗德·英尼斯(Harold Innis)主持。1940 年 12 月 30 日,经济史协会在新奥尔良与美国经济协会举行了一次联席会议,在随后的午餐会和业务会议上,筹划指导委员会(建立经济史协会的)的举措得到认可。就这样,经济史协会诞生了——花开两处,历时五天。

盖伊勉强同意担任经济史协会首任会长。1919—1933 年,盖伊曾担任美国国家经济研究局主任,1929 年担任美国经济协会会长,1934 年担任美国农业史学会会长,显然,他有能力胜任经济史协会会长一职。众所周知,盖伊组织能力出众,人们对此企盼甚殷。盖伊是美国国家经济研究局和哈佛大学工商管理研究所 * 的联合创始人,并担任过工商管理研究所首任院长。他的学术生涯始于 1902 年,那一年哈佛大学给他提供了一个职位,此

---

* 现为哈佛商学院。——译者注

后,他成了经济系讲席教授。对经济史的未来更重要的一点是,日后整整一代经济史学家均出自他的门下。盖伊之所以不愿意出任经济史协会会长,原因在于他退休后去了加利福尼亚,目的很明确,就是为了减轻自己的行政职责,以便将精力集中在研究上。

18 　　1941 年,经济史协会首次独立召开会议,约翰·尼夫(John Nef,1941)在会上承担起了描述经济史责任的崇高职责,他指出,在那样一个关键的时刻创设经济史协会,于重任在肩的同时也倍感荣耀。首先也是最重要的一点是,当时看来似乎西方文明的时代已告终结,如果是这样,那么经济史协会有责任去考虑自己的目标是什么。

　　学术团体通常在圣诞节后一周举行会议,而经济史协会首届年会在 1941 年 9 月举行,在这方面首开先例。筹划指导委员会希望避免出现预想中潜在的会员会期"撞车"的情况,因为潜在会员中的很多人要么是农业史学会的会员,要么是美国历史协会的会员,而这两个学术团体的惯例都是在圣诞节假期开会。此外,大多数成员也是美国历史协会的会员,他们在圣诞假期之后定期开会。完美的解决方案似乎是将经济史协会年会移至另一个时间段。之所以选择 9 月初,是因为那时候大多数的大学还未开课,而且一来可以避免与相关协会形成竞争,二来可以避免与日程表上排满的假期会议扎堆。

　　到 1941 年,盖伊认为历史经济学家的工作还不能取代"理论学派",但确实让它有了改变。在那个时候,人们对演绎法的使用变得更加谨慎,使用这种"黑魔法"(dark art)的人当时所作的观察在范围和深度上都有拓展,他们的观点也有扩展——个人化变少了,社会性更强了。总之,盖伊呼吁要重新将经济史和经济理论统一起来,他指出,经济史学家非常了解生产能耗和社会压力——它们带来了经济增长——的长期趋势,若再使用理论家的工具,则能够对增长过程有更深入的了解。盖伊认为,真正的哲学目标和仔细收集数据二者之间远非互不相容,而是相辅相成的。

　　令 E.A.J.约翰逊(Johnson,1941)感到苦恼的是,尽管经济史学家可以使用的工具数量在增加,但经济史领域仍然有很多工作是在随意搜寻事实,罔顾这些东西是否真的对经济发展有启示。要想更为全面地了解过去,还有很多事情要做,约翰逊认为经济学家应该只关注最重要的议题,比如生产率、资本的形成、收入的变化、规章制度、消费及其对整个经济结构的影响。

约翰逊认为,要让这些议题有所发展,使用经济史学家们已经掌握的最有效的理论工具就能办到。约翰逊援引了利奥·罗金(Leo Rogin,1931)对于农业生产力的研究,用这个例子来说明(在一个非统计时代)如何对生产率进行测度,以及如何对技术发展给生产率带来的变化进行度量。

科克伦(Cochran,1943)认为,就实际的研究而言,有限和适度的经济学假说,如垄断竞争或区位理论,是比历史学家笼统的假设更为有用的工具。他觉得特定的限定性命题可以成为将合乎逻辑的技术应用于社会科学数据的第一步,这与自然科学中发展起来的用于说明和检验假设的技术类似。

经济史协会之所以能够兴起,部分原因在于防止"数学化"侵蚀经济史学科。因此,在经济史协会处于起步阶段时,计量史学运动的种子就已播下。而推动着这项运动滚滚前行的,将会是下一代的经济史学家们。 19

新经济史运动

库兹涅茨与那些后来被计量史学家贴上"老"经济史学家标签的人(比如经济史协会的创始人安妮·贝赞森、阿瑟·科尔、埃德温·盖伊、哈罗德·英尼斯和厄尔·汉密尔顿)观点不同,他声称,要是不对过去进行系统和定量的研究,就不会有太大收获。据库兹涅茨所言,这是衡量要素和事件相对起到了什么作用的唯一方法。经济史领域中定量研究的数量比较少,原因是在计算机出现之前,人们必须付出巨大的努力来对定量信息进行筛选和分类,而且能够处理这些问题的统计理论和统计技术发展得相对较晚。

二战后,美国经济蓬勃发展,经济学家随之声名鹊起。经济学有着严格缜密的模型,使用先进的数学公式对大量的数值数据进行检验,被视为社会科学的典范。威廉·帕克(William Parker,1986)打趣道,如果经济学是社会科学的女王,那么经济理论就是经济学的女王,计量经济学则是它的侍女。

与此同时,随着技术手段日益受到重视,经济学家对经济增长的决定因素越来越感兴趣,对他们看来所谓世界发达地区与欠发达地区之间差距拉大这个问题也兴趣日增。他们认为,研究经济史是深入了解经济增长和经济发展问题的一个渠道,他们将新的量化分析方法视为理想的分析工具。

诺曼·格拉斯（Gras，1962）对经济史有不同的看法。他认为,此时正值商业史崭露峥嵘之际,而经济史颓势尽显,风光不再。他得出这个论断主要的依据是,经济史学科在它的繁衍之地——德国衰落了。诺曼·格拉斯认为,经济史在德国声望衰微,付出的代价是损害了通史。时间会证明格拉斯的说法不无道理。计量史学运动在美国兴起时,在欧洲却并非如此。这项运动最终在英国开始有了进展,之后才在欧洲大陆有了起色。①

在战后几十年里接受训练的那一代经济学家,找到了将数学和经济学融合的方法,尽管经济学应该从数学中获取思想这一观点本身就存在争议,尤其是经济史学家们对此持有异议。到20世纪60年代,争斗结束了,结果显而易见:经济学成了一门"科学",它要构建、检验和使用技术复杂的模型。当时计量经济学正在兴起,经济史学家分成了两派,一派憎恶计量经济学,另一派则拥护计量经济学。憎恶派的影响力逐渐减弱,其信徒退守至历史系。

"新"经济史可以追溯到1957年经济史协会（1940年由盖伊和科尔等"老"经济史学家创立）和"收入与财富研究会"（归美国国家经济研究局管辖）举办的联席会议。很特别的一点是,阿尔弗雷德·康拉德和约翰·迈耶（Alfred Conrad and John Meyer，1985）一起发表了两篇论文,这两篇文章成为新时代的宣言书。第一篇论文写的是方法论,文中解释了科学方法到底是什么,以及它是如何适用于经济史学家的。威廉·帕克（Parker，1980）曾提到第二篇文章,认为它是经济史发展过程中最具影响力的一篇论文。文章宣称在分析美国内战前夕奴隶制度的收益率时使用了计量史学方法,从而使这一方法更具影响力。分析方法、数据资料、经济和会计框架、选择将奴隶制作为研究对象,这些都对下一代经济史学家产生了巨大的影响。威廉·帕克（Parker，1960）在1957年的联席会议之后编撰了论文集,书中收录了许多具有开创性的研究,比如罗伯特·高尔曼（Robert Gallman）对商品产出的估计、马文·汤（Marvin Towne）和韦恩·拉斯穆森（Wayne Rasmussen）编制的农业总产量与投资数据、道格拉斯·诺思（Douglass North）对国际收支的估计,以

① 计量史学在美国很早就一统天下,欧洲的情况则不同。想要了解德国计量史学的情况,请参见蒂利（Tilly，2001）的论文;法国的情况见格兰瑟姆（Grantham，1997）、克鲁泽和雷桑-吉勒（Crouzet and Lescent-Gille，1998）的研究;要了解英国的情况,请查阅弗劳德（Floud，2001）的论述。

及斯坦利·莱伯戈特(Stanley Lebergott)的工资数据。

戈尔丁(Goldin, 1995)指出,计量史学革命之前的经济史学家们之所以能够脱颖而出,是因为他们掌握了大量的事实,对制度颇为熟稔。但是,如果缺少了理论的严谨性和计量经济学的严密性,他们偶尔会推理错误,这一点无法避免。由于无法恰当地对理论进行检验,因此重要的数据被忽略了。

德鲁弗雷(de Rouvray, 2004b)认为,计量史学运动出现的时机与库兹涅茨对增长的定量研究取得成功相契合,这反映出经济学家们对国民经济核算方法很痴迷。受此影响,他们很可能会用同样的角度去审视过去,他们对史实的界定也发生了改变。福格尔(Fogel, 1965)对此表示赞同,认为他的导师库兹涅茨是新经济史研究主要的灵感来源。

但是,不能将计量史学与库兹涅茨的方法画等号。计量史学家们恨不得在微不足道的历史问题上也使用新古典模型,而这些并不是库兹涅茨优先考虑的问题,他关注的是更大的问题——经济增长。但是,计量史学家们重视量化和计量,对定性估量的依赖程度降低,在这些方面无疑与库兹涅茨的方法是一致的。

库兹涅茨可能对计量史学运动有启发,但重新将经济学和历史学统一起来的却是罗伯特·福格尔。福格尔通过运用现代经济学最新的技术,收集了大量的历史数据,来重新诠释美国在铁路、奴隶制和营养等不同领域的经济增长。他并没有臆测增长的原因,而是对它们进行了仔细的测量。他率先使用大量的横截面数据和纵断面数据来对政策问题进行研究,这些数据均是从原始资料中获得的。麦克洛斯基(McCloskey, 1992)认为,福格尔的贡献在于为知晓过去开辟了新的道路。

福格尔(Fogel, 1964a)的一项突破性成果是《铁路与美国经济增长》(*Railroads and American Economic Growth*)。在该书出版之时,经济学家们认为他们已经确定现代经济增长是由某些重要行业引起的,这些行业在发展过程中所起的作用至关重要。福格尔着手测量这种影响,他研究得非常细致。他构建了一个反事实,以此来凸显铁路对美国经济增长的贡献,但结果出乎经济学家或历史学家的意料。福格尔广为人知的一个发现是,铁路并非解释经济发展绝对必要的因素,它对国民生产总值增长的影响微乎其微。很少有经济史题材的论著像福格尔的著作一样让人印象深刻。福格尔使用了反事实论证和成本收益分析,这使得他成了经济史方法的一个革新者,但并不是人人都喜欢他的做法。例如,弗里茨·雷德利奇(Fritz Redlich, 1965)就指责福格尔所注重的反事实为"捏造的准历史"(fictitious quasi-history)。雷德利奇承认反事实分析有价值,但认为那是社会科学研究,并不是历史研究。①

福格尔在奴隶制和人口统计学方面两部重要的著作都是使用这种方法完成的。②福格尔在他职业生涯的早期就认识到,想要解答这些问题,就必须更多地使用定量证据,因此他掌握了当时最先进的分析工具和统计方法,并成功地将它们用在了研究中。"旧"经济史和"新"经济史之间的区别就在这里:后者使用新创建的数据和前沿的技术——随着计算能力变强,数据和技术会变得更有用、适用能力更强、作用更大、更容易被复制,并且能够不费力地重新对其加以考量,这使得人们能够精确地聚焦在问题上。

福格尔并不是第一个使用反事实分析的形式来确定机会成本的人,但他使用的次数最多,并因他在自己具有里程碑意义的铁路研究中使用了这种方法而声名卓著(抑或恶名昭彰?)。反事实分析是基于这样一种想法,即通过考虑在一个事件或因素不存在的情况下会发生什么,来确定这个事件或因素的影响是什么。在福格尔之前,这个概念曾在弗里茨·马克卢普(Fritz Machlup, 1952)、迈耶和康拉德(Meyer and Conrad, 1957)、康拉德和迈耶(Conrad and Meyer, 1958)的研究中被提出。

道格拉斯·诺思和福格尔一样,也是凭借对美国经济的研究崭露头角。然而,尽管福格尔对一个经济部门在解释经济增长方面的重要性提出了异议,但诺思关注的却是个别部门在解释经济成果时可能具有什么作用,他试图对美国内战前经济增长的原因作出解释。诺思此前曾以出口为基础构想出一个模型,他以此为出发点,展示了一个行业(棉花工业)如何促使其他部门获得发展,最终走向专业化和区域间贸易。

诺思在早期也重视量化,用其来衡量跨洋运输成本下降所带来的影响。当时普遍认为航运成本下降了,但诺思发现成本下降的原因并不在于技术,

---

① 对于反事实的不同看法,见恩格尔曼(Engerman, 1980)的论文。
② 参见福格尔(Fogel and Engerman, 1974;Fogel, 2000)的著作。

而在于制度发生了变化，比如海盗劫掠减少了，港口周转时间缩短了，这一点颇令人惊讶。诺思在职业生涯后期关注制度，将制度奉为圭臬。

戈尔丁（Goldin，1995）指出，计量史学革命让少壮派、外来者、被老一辈 22 称为"理论家"的人与"旧"经济史学家形成对立，而后者更像是历史学家，他们不太可能依赖定量的方法。他们指责这些新来的人未能正确理解史实，就将经济理论带入历史中来（一句熟悉的战斗口号）。科克伦（Cochran，1969）将这种分歧描述为在模型选择方面见解不同。守旧派认为，实际模型太过笼统或者过于复杂，因此无法接受存在数学关系的假设。然而，"新"经济史学家主要感兴趣的是将可操作的模型应用于经济数据。新、旧经济史学家在方法上存在差异，这是不容忽视的。新经济史学家偏爱量化的和数学的模型，而"社会经济史学家"往往会进行叙述。

双方不仅在方法上存在分歧，而且在普遍接受的观点上也意见不一。计量史学家们正使用自己新式的工具来推翻一些人们长期秉持的看法。有一些人们公认的观点被他们推翻了，其中包括：铁路对于经济增长而言是不可或缺的（Fogel，1964a），铁路建设超前于对其的需求（Fishlow，1965），杰克逊总统造成了 19 世纪 30 年代的金融恐慌（Temin，1969），奴隶制是无利可图的（Conrad and Meyer，1958）。

安德烈亚诺（Andreano，1970）收集了一系列最初发表在《创业史探索（第二辑）》上的文章，他认为这些文章反映了 20 世纪 60 年代经济学家和历史学家就"新"经济史的方法进行的对话。而《美国经济史新释》（The Reinterpretation of American Economic History）一书首次尝试将许多"新"经济史的代表作汇集在一起。这本论文集在 1971 年出版，由福格尔和恩格尔曼（Fogel and Engerman，1971）编撰。另外，戴维斯等人（Davis et al.，1972）所编的《美国的经济增长：一位经济学家的美国历史》（American Economic Growth：An Economist's History of the United States）也是如此。

一些人对"新"经济史反应冷淡，因为他们认为"新"经济史对传统史学方法构成了威胁。但是，另外一些人因为"新"经济史展示出的可能性对它表示热烈欢迎。休斯和赖特将他们汽船论文（Hughes and Reiter，1958）中的计算量与纽马奇（Newmarch，1857）的进行了比较。纽马奇汇编了 13 000 多条独立的信息，然后只进行了三次算术计算，都是徒手完成的。他的工作需要付出一生的努力,而休斯等人的汽船论文只是众多"大数据"项目中的一个,计量史学家可以凭借新技术与科技的力量进行探索。[①]与纽马奇的数据相比,这项汽船研究在 1945 年的穿孔卡片上总共得到了近两倍数量的观察值,但之后所有的计算工作均由计算机完成。

23   1960 年,当诺思和帕克被任命为《经济史杂志》的编辑时,计量史学得到了它腾飞所需要的平台。罗伯特·霍普里斯(Robert Whaples,1991)发现,在经济史协会举办的会议上,《经济史杂志》在新计量史学方法上起到了引领作用(精选的会议论文被刊登在其增刊《经济史的任务》* 上)。1956—1960 年,《经济史杂志》上 10％的论文是"计量史学的",但《经济史的任务》上的文章只有 6％具有计量史学的特征。1961—1965 年,上述数字分别为16％和 15％;1966—1970 年,它们分别变为 43％和 18％。1971—1975 年,《经济史杂志》上计量史学论文的比例飙升至 72％,经济史协会年会上具有计量史学特征的文章增加到了 40％。这反映出《经济史杂志》的编辑(诺思和帕克,他们是"新"经济史的拥护者)和经济史协会领导层之间存在差异,经济史协会的会长们年岁较长,不太会进行量化,而且肯定不具有"新"经济史背景。

计量史学的缺点

    计量史学的历史并非一帆风顺。它的兴起导致研究计量史学的经济学家与研究经济史的历史学家之间出现裂痕。一方面,历史学家不使用形式化模型,他们认为使用形式化模型忽略了问题的环境背景,太过于迷恋统计

---

① 例如,他们引用了 20 世纪 50 年代末在普渡大学进行的另外四项经济史数据处理方面的研究,这四项研究开发出了全新的统计数据系列,若没有最新的技术或数学模型,这类工作是无法进行的,其中有兰斯·戴维斯对纺织的研究(Davis,1957,1958,1960)、戴维斯和休斯(Davis and Hughes,1960)对汇率的研究。

* 1950 年及此前每一年几乎都会出版一期增刊,名为《经济史的任务》(*The Tasks of Economic History*)。只有 1947 年例外,这一年出版的增刊主题是经济增长。——译者注

显著性，罔顾情境的相关性。博尔迪佐尼（Boldizzoni，2011）对量化史学的抨击尽人皆知，他将最辛辣的批评集中在对历史进行量化的研究上，认为它使史学丧失了人文学科属性。另一方面，对于经济学家来说，计量史学也没有那么重要了，他们只把它看作是经济理论的另外一种应用。虽然他们不认为应用经济学是一件坏事，但量化史学也没有被看作特别的东西，它只不过是将理论和最新的量化技术应用在旧数据上，而不是将其用在当下的数据上。

威廉·帕克早在 1986 年就注意到，经济史在将重点转向理论和计量经济学的过程中，旧时英国政治经济学和社会福利工作的人文关怀就丧失了，同时理想主义的德国历史经济学家——例如施穆勒——对整个社会的关怀视角也缺失了。与此同时，亚历克斯·菲尔德（Alex Field，1987）引述了另一个侧面存在的问题。尽管"新"经济史学家需要为证明自己的技术能力属于历史研究的范畴而奋战，但到了 20 世纪 80 年代末，已经没有"旧"经济史学家可以挑战了。他们的挑战反而来自另一边：经济理论家们质疑计量史学家能为资源匮乏的经济系带来什么价值。大多数经济学家拥有与计量史学家相同的，甚至是更为高超的技术能力，可以将其应用于任何数据，无论是当代的还是历史的。

其至在计量史学阵营中，也有人告诫学者们不要过度依赖技术。在计量史学运动的早期，乔纳森·休斯（Hughes，1966）警告说，计量史学对于那些在追寻历史认知的过程中混淆目的和手段的人毫不容情。兰斯·戴维斯（Davis，1968）虽赞扬了新经济史对经济学和历史学作出的贡献，但也对不加分析地将理论应用于历史进行了批判。他认为，新经济史最大的败笔是一些人在不了解历史背景的情况下，急于将所有的理论（即使不相关）应用在历史问题上，或者更糟糕的是，但凡手边有数据，就要应用理论。诺思（North，1965）警告说，新经济史中有太多的内容是枯燥无味且缺乏想象力的，因为人们过分强调计量经济学技术，拿它代替了理论和想象。

计量史学的成就

萨姆·威廉姆森（Sam Williamson，1994）提出，计量史学的高光时刻，或者说它转瞬即逝的出名时刻,出现在 1964 年美国经济协会举办的年会上。威廉·帕克(在这届年会上)组织了一场关于"经济史:它对经济教育、研究和政策的贡献"的会议,重点介绍了道格拉斯·诺思(North,1965)、罗伯特·福格尔(Fogel,1965)、巴里·苏普莱(Barry Supple,1965)、理查德·伊斯特林(Richard Easterlin,1965)、罗伯特·高尔曼(Gallman,1965)和龙多·卡梅伦(Rondo Cameron,1965)的文章,叶夫谢·多马尔(Evsey Domar,1965)和 R.A.戈登(R.A.Gordon,1965)做了点评。这场会议吸引了大约 200 人参加,引发了热烈的讨论,并使计量史学成为全美国瞩目的焦点,这在以前从未有过。

福格尔(Fogel,1964b)强调了经济史领域所发生的变化,这些变化证明它成为"新"经济史。研究的主题并未发生改变,学者们仍然对描述和解释经济增长感兴趣,但是计量的方法和理论是新的。经济史始终在进行量化研究,但过去许多工作仅限于简单整理政府和商业记录中所包含的数据。新经济史仍旧整理数据,但它将重点放在了重新计量和编排原始数据上,并通过这种方式来获得以前不可能得到的测量结果。由此可见,新经济史学家的工作中最关键的是,他们在计量时所依据的理论在逻辑和实证方面所具有的有效性。

新经济史学家使用了各式各样的经济理论和统计模型,从他们的计量结果中得到的信息比以前可获得的信息要精确许多。福格尔对铁路的研究就是最好的例子。

兰斯·戴维斯(Davis,2014)的综述是 2000 年经济史项目的一部分,他在文中指出,《铁路与美国经济增长》的出版"是一个非常重要的里程碑,就好像我们现在有证据表明,我们已经离开了最初几年崎岖不平、未铺砌的土路,可以预见前方会有一条笔直且铺设良好的公路,它通向未来"。《铁路与美国经济增长》的出版使平行研究全部分支学科得以出现,更重要的是,它为系统研究经济史和长期经济增长提供了方法论基础。

从《铁路与美国经济增长》可见,谨慎使用理论和计量经济学可以使经济史受益匪浅。这项研究甫一发表就立即引起了巨大的争议,甚至在今天还有一些对其中的细枝末节的争论。然而,时间并没有推翻福格尔主要的结论:如果铁路从未被发明,人均收入的增长只会晚出现几个月,而且可能

没有其他行业比铁路更重要。自该书出版以来,经济史领域绝大多数论著
都是由学者们使用这些基本的经济和计量工具撰写的。

经济史学家越来越依赖定量的方法,巴斯曼(Basmann,1970)和菲尔
德(Field,1987)辩解道,定量的估计较为精确,而叙事史学中常见的定性
判断不太精确,计量史学家主张用前者来取代后者。如此一来,计量史学
对经济史和一般经济学都大有裨益,因为它对建立和检验解释型经济模型
更为关注,了解的情况也更多。如果条件允许,经济史学家还尝试着在历
史研究中不再只是简单进行描述,随便作出解释,他们试图研究外生变量
和内生变量之间的因果关系。计量史学家将注意力从文献转移到了统计
的第一手资料上,他们强调使用统计技术,用它来检验变量之间假定的关
系是否存在。

研究中比较大的问题往往是缺乏相关的数据,而不是缺乏相关的理论。
经济史学家对经济学和历史学领域的最大贡献,一部分在于他们发现和汇
编新的数据,未来的研究人员可以利用这些数据来更好地理解经济是怎样
随时间推移而演变与增长的。[①]

或许新经济史领域最有影响力的一部著作是诺思(North,1961)的
《1790—1860年的美国经济增长》(*Economic Growth of the United States,
1790—1860*)。它所欠缺的是深入的实证研究,但它清楚地展示了,如何
用一个理论上复杂但不是数学形式的经济模型,来解释几十年来美国各个
地区的经济是如何组织开展,又是怎样发展演变的,这大大弥补了它的
不足。

在诺思早期著作(North,1961,1966)里,他侧重于用标准的新古典主
义来解释经济增长(技术、人力资本、技术变革)。但当他开始研究欧洲经济
史以后,他得出的结论是新古典主义模型无法对欧洲根本的社会变革作出
解释,这种变革在过去500年里奠定了欧洲经济的底色。这使他走上了新
制度经济学的道路,于是他成为经济学实践方面两个不同的革命性学派——

[①] 这类公开的数据库清单很长,有关这方面努力所达到的规模和所涉及的范围,请
参阅 eh.net 上的数据库列表。

计量史学和新制度经济学的早期倡导者。①

在《制度变迁与美国经济增长》(*Institutional Change and American Economic Growth*，1971 年与兰斯·戴维斯合作)之后，诺思出版了多部著作，证明了制度(包括产权)在经济发展中起着重要作用。在《制度、制度变迁与经济绩效》(*Institutions，Institutional Change and Economic Performance*)中，他(North，1990)提出了一个基本问题：为什么有些国家富裕，而有些国家贫穷？他的结论是，经济活动的收益率和可行性主要由制度来决定。制度上的不确定性越大，交易成本就越高，对经济增长和发展的拖累也就越大。这些观点在史学领域和发展经济学领域都很新颖。典型的经济增长模型侧重于技术变革和资本积累，假设交易成本为零，完全忽略制度。诺思坚持认为，当社会群体看到在现行的制度条件下获益的机会渺茫时，新制度就会出现。如果外部因素可能会使收入增加，但制度因素起到了阻碍作用，那么就可能会形成新的制度安排。马修斯(R.C.O. Matthews，1986)和威廉姆森(Oliver Williamson，1985)在这方面也做了一些开创性研究，他们都强调制度具有重要作用。

1993 年，诺贝尔经济学奖被授予了罗伯特·福格尔和道格拉斯·诺思，这是计量史学成就皇冠上的明珠。瑞典皇家科学院宣布，将瑞典国家银行纪念阿尔弗雷德·诺贝尔经济学奖共同授予罗伯特·福格尔教授和道格拉斯·诺思教授，"以表彰他们运用经济理论和定量方法来解释经济和制度变迁，使经济史研究重获新生"。②正如诺贝尔奖评审委员会所言，两人都是"新经济史"领域的领军人物，而这一领域现在被称为"计量史学"。

结　语

经济史学家对经济学发展的贡献体现在许多方面，他们将理论与定量的

---

① 关于诺思在新制度经济学运动中的作用，请参考巴苏等人(Basu et al.，1987)、加利亚尼和塞内德(Galiani and Sened，2014)、梅纳德和雪莉(Menard and Shirley，2014)的研究。

② 参见恩格尔曼等人(Engerman et al.，1994)的著作。

方法结合在一起,构建和校正数据库,发现并创建全新的数据库,这使得人们有可能去质疑和重新评估先前的发现,从而增加我们的学识,完善先前的结论,并对错误予以纠正。此外,计量史学极大地促进了我们对经济增长和发展的认识,为经济史学家提供了重要的元素——时间变量,而这是传统的理论学家所不具备的。利用历史来检验经济理论加深了我们对基础的研究领域——经济变化如何发生、为何发生以及何时发生的认识和理解,也许经济史学家在这个领域作出的贡献最大。

计量史学家将现代的技术融入经济史中,他们并没有让经济史走上末路,而是让它有了提升。技术在不断进步,这极大地影响了计量史学家处理数据的能力。计量史学家能够处理更大规模的数据,能与更广泛的受众共享这些数据,他们获得的新数据此前需要耗费一生来整理。再加上当前的经济史学家对计量经济学更加得心应手,未来似乎是无限的。但任何优秀的历史学家都知道,对未来进行预测是很危险的。[1]

参考文献

Aitken, H.G.J. (1963) "The Association's Membership: Growth and Distribution", *J Econ Hist*, 23(3):335—341.

Aitken, H.G.J. (ed) (1965) *Explorations in Enterprise*. Harvard University Press, Cambridge.

Aitken, H. G. J. (1975) "In the Beginning", *J Econ Hist*, 35(4):817—820.

Andreano, R.L. (ed) (1970) *The New Economic History: Recent Papers on Methodology*. Wiley, New York.

Ashley, W.J. (1887) "The Early History of the English Woolen Industry", *Am Econ Assoc II*, (4):297—380.

Ashley, W.J. (1888) *An Introduction to English Economic History and Theory*. Rivingtons, London.

Ashley, W.J. (1893) "The Study of Economic History", *Q J Econ*, 7(2):115—136.

Ashley, W. J. (1927) "The Place of Economic History in University Studies", *Econ Hist Rev, 1st series*, 1(1):1—11.

Ashton, T. S. (1946) "The Relation of Economic History to Economic Theory", *Economica*, 13(50):81—96.

Barker, T.C. (1977) "The Beginnings of the Economic History Society", *Econ Hist Rev*, 30(1):1—19.

Basmann, R.L. (1970) "The Role of the Economic Historian in Predictive Testing of Proffered 'Economic Laws'", in Andreano, R. L. (ed) *The New Economic History: Recent Papers on Methodology*. Wiley, New York, pp. 17—42.

[1] 关于经济史未来的思考,请参见琼斯等人(Jones et al., 2012)、巴腾(Baten, 2004)、巴腾和穆沙利克(Baten and Muschallik, 2011)、杜姆克(Dumke, 1992)、菲尔德(Field, 1987)、尼古拉斯(Nicholas, 1997)的研究。

Basu, K., Jones, E., Schlicht, E. (1987) "The Growth and Decay of Custom: The Role of the New Institutional Economics in Economic History", *Explor Econ Hist*, 24(1):1—21.

Baten, J. (2004) "Die Zukunft der Kliometrischen Wirtschaftsgeschichte im Deutschsprachigen Raum", in Schulz, G., Buchheim, C., Fouquet, G., Gömmel, R., Henning, F. W., Kaufhold, K.H., Pohl, H. (eds) *Sozial- und Wirtschaftsgeschichte. Arbeitsgebiete-Probleme-Perspektiven*. Franz Steiner Verlag, Stuttgart, pp.639—653.

Baten, J., Muschallik, J. (2011) "On the Status and the Future of Economic History in the World", Munich personal RePEc archive.

Berg, M. (1992) "The First Women Economic Historians", *Econ Hist Rev*, 45(2): 308—329.

Bishop, J.L. (1861) *History of American Manufactures from 1608—1860*. Edward Young & Co, Philadelphia.

Boldizzoni, F. (2011) *The Poverty of Clio: Resurrecting Economic History*. Princeton University Press, Princeton.

Braudel, F. (1949) *La Méditerranée et le Monde Méditerranéen à l'Époque de Philippe II*. A. Colin, Paris.

Callender, G.S. (1903) "Early Transportation and Banking Enterprises of the United States", *Q J Econ*, XVII:111—162.

Cameron, R. (1965) "Has Economic History a Role in an Economist's Education?", *Am Econ Rev Pap Proc*, 55(2):112—115.

Cameron, R. (1976) "Economic History, Pure and Applied", *J Econ Hist*, 36(1):3—27.

Carlos, A. (2010) "Reflections on Reflections: Review Essay on Reflections on the Cliometric Revolution: Conversations with Economic Historians", *Cliometrica*, 4(1):97—111.

Clapham, J.H. (1929) "The Study of Economic History", in Harte, N. B. (ed) *The Study of Economic History: Collected Inaugural Lectures, 1893—1970*. Frank Cass, London, pp.55—70.

Clapham, J.H. (1931) "Economic History as a Discipline", in Seligman, E. R. A., Johnson, A. (eds) *Encyclopedia of the Social Sciences*. Macmillan, New York, pp.327—330.

Clough, S. B. (1970) "A Half-Century in Economic History: Autobiographical Reflections", *J Econ Hist*, 30(1):4—17.

Coats, A.W. (1980) "The Historical Context of the 'New' Economic History", *J Eur Econ Hist*, 9(1):185—207.

Cochran, T.C. (1943) "Theory and History", *J Econ Hist*, 3(December: supplement: The Tasks of Economic History):27—32.

Cochran, T.C. (1969) "Economic History, Old and New", *Am Hist Rev*, 74(5):1561—1572.

Cole, A.H. (1930) "Statistical Background of the Crisis of 1857", *Rev Econ Stat XII*, (4): 170—180.

Cole, A.H. (1945) "Business History and Economic History", *J Econ Hist*, 5(Supplement: The Tasks of Economic History):45—53.

Cole, A. H. (1953) "Committee on Research in Economic History: A Description of Its Purposes, Activities, and Organization", *J Econ Hist*, 13(1):79—87.

Cole, A.H. (1968) "Economic History in the United States: Formative Years of a Discipline", *J Econ Hist*, 28(4):556—589.

Cole, A.H. (1970) The Committee on Research in Economic History: An Historical Sketch", *J Econ Hist*, 30(4):723—741.

Cole, A. H. (1974) *The Birth of a New Social Science Discipline: Achievements of the First Generation of American Economic and Business Historians 1893—1974*. Economic History Association, New York. Downloaded from http://eh. net/items/Birth-of-a-New-Social-science-Discipline. Accessed Apr 2014.

Conrad, A.H., Meyer, J.R. (1958) "The Economics of Slavery in the Antebellum South", *J Polit Econ*, 66:75—92.

Crafts, N. F. R. (1987) "Cliometrics, 1971—1986: A Survey", *J Appl Econ*, 2(3): 171—192.

Crouzet, F., Lescent Gille, I. (1998) "French Economic History for the Past 20 Years", *NEHA-Bull*, 12 (2):75—101, (Nederlandsch Economisch-Historisch Archief).

Cunningham, W. (1882) *The Growth of English Industry and Commerce*. C. J. Clay, Cambridge, MA.

Cunningham, W. (1892) "The Perversion of Economic History", *Econ J*, 2 (7): 491—506.

D'Avenant, C. (1699) "An Essay upon the Probable Method of Making a People Gainers in the Balance of Trade", London Databases, eh. net, http://eh.net/databases/.

Davis, L.E. (1957) "Sources of Industrial Finance: The American Textile Industry, a Case Study", *Explor Entrep Hist*, IX: 189—203.

Davis, L.E. (1958) "Stock Ownership in the Early New England Textile Industry", *Bus Hist Rev*, XXXII: 204—222.

Davis, L.E. (1960) "The New England Textile Mills and the Capital Markets: A Study of Industrial Borrowing, 1840—1860", *J Econ Hist*, XX: 1—30.

Davis, L.E. (1968) "And It Will Never Be Literature: The New Economic History: A Critique", *Explora Entrep Hist 2nd series*, 6(1): 75—92.

Davis, L. (2014) "Review of Railroads and American Economic Growth: Essays in Econometric History", Eh.net Project 2000/2001. http://eh. net/book-reviews/project-20002001/. Accessed 2014.

Davis, L.E., Hughes, J.R.T. (1960) "A Dollar Sterling Exchange 1803—1895", *Econ Hist Rev*, 13(1): 52—78.

Davis, L.E., North, D.C. (1971) *Institutional Change and American Economic Growth*. Cambridge University Press, New York.

Davis, L.E., Hughes, J.R.T., Reiter, S. (1960) "Aspects of Quantitative Research in Economic History", *J Econ Hist*, 20(4): 539—547.

Davis, L. et al. (1972) *American Economic Growth: An Economist's History of the United States*. Harper & Row, New York.

de Rouvray, C. (2004a) "'Old' Economic History in the United States, 1939—1954", *J Hist Econ Thought*, 26(2): 221—239.

de Rouvray, C. (2004b) "Seeing the World Through a National Accounting Framework: Economic History Becomes Quantitative", presented at Economic History Society Annual Conference, University of London, Royal Holloway.

de Rouvray, C. (2014) *Joseph Willits, Anne Bezanson and Economic History: 1939—1954*. Rockefeller Archive Publications. http://www. rockarch. org/publications/resrep/derouvray.pdf. Accessed Apr 2014.

Domar, E.D., Gordon, R.A. (1965) "Discussion", *Am Econ Rev Pap Proc*, 55(2): 116—118.

Drukker, J.W. (2006) *The Revolution that Bit Its Own Tail: How Economic History Has Changed Our Ideas about Economic Growth*. Aksant, Amsterdam.

Dumke, R.H. (1992) "The Future of Cliometric History-A European View", *Scand Econ Hist Rev*, 40(3): 3—28.

Dunbar, C.F. (1876) "Economic Science in America, 1776—1876", *N Am Rev*, CXXII: 124—153.

Easterlin, R.A. (1965) "Is There Need for Historical Research on Underdevelopment?", *Am Econ Rev Pap Proc*, 55(2): 104—108.

Economic History Association archives, Hagley Museum and Library, Wilmington, DE, Accession # 1479, folders 1—11, 29—31.

Edgeworth, F. (1877) *New and Old Methods of Ethics*. James Parker, Oxford/London.

Engerman, S.L. (1980) "Counterfactuals and the New Economic History", *Inquiry*, 23(2): 157—172.

Engerman, S.L. (1996) "Cliometrics", in Kuper, A., Kuper, J. (eds) *The Social Science Encyclopedia*, 2nd edn. Routledge, London/New York, pp.96—98.

Engerman, S.L., Hughes, J.R.T., McClo-skey, D. N., Sutch, R. C, Williamson, S. H. (1994) *Two Pioneers of Cliometrics: Robert W. Fogel and Douglass C. North*, *Nobel Laureates of 1993*. The Cliometric Society, Miami.

Evelyn, J. (1674) *Navigation and Commerce, Their Origins and Progress*. Printed by TR for Benjamin Tooke, London.

Fenoaltea, S. (1973) "The Discipline and They: Notes on Counterfactual Methodology and the 'New' Economic History", *J Eur Econ Hist*, 2(3):729—746.

Field, A. J. (1987) "The Future of Economic History", in Field, A.J. (ed) *The Future of Economic History*. Kluwer-Nijhoff, Boston.

Fishlow, A. (1965) *American Railroads and the Transformation of the Ante-bellum Economy*. Harvard University Press, Cambridge, MA.

Fleetwood, W. (1707) *Chronicon Preciosum: Or an Account of English Money, the Price of Corn and Other Commodities, for the Last 600 Years*. Printed for Charles Harper, London.

Floud, R. (1991) "Cliometrics", in Eatwell, J., Milgate, M., Newman, P. (eds) *The New Palgrave: A Dictionary of Economics*, *vol. 1, 2nd edn*. Macmillan, London/New York/Tokyo, pp.452—454.

Floud, R. (2001) "In at the Beginning of British Cliometrics", in Hudson, P. (ed) *Living Economic and Social History*. Economic History Society, Glasgow, pp.86—90.

Fogel, R. W. (1964a) *Railroads and American Economic Growth: Essays in Econometric History*. Johns Hopking University Press, Baltimore.

Fogel, R. W. (1964b) "Discussion", *Am Econ Rev*, 54(3):377—389.

Fogel, R.W. (1965) "The Reunification of Economic History with Economic Theory", *Am Econ Rev Pap Proc*, 55(2):92—98.

Fogel, R. W. (2000) *The Fourth Great Awakening and the Future of Egalitarianism*. University of Chicago Press, Chicago.

Fogel, R. W., Engerman, S. L. (eds) (1971) *The Reinterpretation of American Economic History*. Harper & Row, New York.

Fogel, R. W., Engerman, S. L. (1974) *Time on the Cross: The Economics of American Negro Slavery*, *vols. 1 and 2*. Little, Brown, New York.

Forster, R. (1978) "Achievements of the Annales School", *J Econ Hist*, 38(1):58—76.

Friedman, W.A. (2014) *Fortune Tellers: The Story of America's First Economic Forecasters*. Princeton University Press, Princeton.

Galiani, S., Sened, I. (eds) (2014) *Institutions, Property Rights, and Economic Growth: The Legacy of Douglass North*. Cambridge University Press, New York.

Gallman, R.E. (1965) "The Role of Economic History in the Education of the Economist", *Am Econ Rev Pap Proc*, 55(2):109—111.

Gay, E.F. (1941) "The Tasks of Economic History", *J Econ Hist*, 1 (Supplement: The Tasks of Economic History):9—16.

Gayer, A.D., Rostow, W.W., Schwartz, A.J. (1953) *The Growth and Fluctuation of the British Economy 1790—1850, and Historical, Statistical, and Theoretical Study of Britain's Economic Development*, *vol.2*. Clarendon, Oxford.

Goldin, C. (1995) "Cliometrics and the Nobel", *J Econ Perspect*, 9(2):191—208.

Grantham, G. (1997) "The French Cliometric Revolution: A Survey of Cliometric Contributions to French Economic History", *Eur Rev Econ Hist*, 1(3):353—405.

Gras, N.S.B. (1931) "Economic History in the United States", in Seligman, E.R.A., Johnson, A. (eds) *Encyclopedia of the Social Ssciences*, *vol.5*. Macmillan, New York.

Gras, N.S.B. (1939) *Business and Capitalism: An Introduction to Business History*. Crofts, New York.

Gras, N.S.B. (1962) *Development of Business History up to 1950, Selections from the Unpublished Work of Norman Scott Brien*

Gras, Compiled and edited by Gras, E.C. Edwards Brothers, Ann Arbor.

Graunt, J. (1662) *Natural and Political Observations Mentioned in a Following Index and Made upon the Bills of Mortality*. London.

Greif, A. (1997) "Cliometrics after 40 Years", *Am Econ Rev*, 87(2):400—403.

Harte, N.B. (1971) "The Making of Economic History", in Harte, N. B. (ed) *The Study of Economic History: Collected Inaugural Lectures, 1893—1970*. Frank Cass, London, pp.xi—xxxix.

Harte, N.B. (2001) "The Economic History Society, 1926—2001", in Hudson, P. (ed) *Living Economic and Social History*. Economic History Society, Glasgow, pp.1—12.

Haupert, M. (2005) "The Birth of the Economic History Association", *Newslett Cliometric Soc*, 20(3):27—30.

Heaton, H. (1941) "The Early History of the Economic History Association", *J Econ Hist*, 1(Supplement: The Tasks of Economic History):107—109.

Heaton, H. (1965a) *A Scholar in Action, Edwin, F. Gay*. Harvard University Press, Cambridge.

Heaton, H. (1965b) "Twenty-Five Years of the Economic History Association: A Reflective Evaluation", *J Econ Hist*, 25(4):465—479.

Hughes, J.R.T. (1966) "Fact and Theory in Economic History", *Explor Entrep Hist*, 2nd series, 3(2):75—100.

Hughes, J.R.T., Reiter, S. (1958) "The First 1,945 British Steamships", *J Am Stat Assoc*, LIII:360—381.

Hunt, F. (1858) *Lives of American Merchants*. Derby and Jackson, New York.

Johnson, E.A.J. (1941) "New Tools for the Economic Historian", *J Econ Hist*, 1(Supplement: The Tasks of Economic History):30—38.

Jones G., van Leeuwen, M.H.F., Broadberry, S. (2012) "The Future of Economic, Business, and Social History", *Scand Econ Hist Rev*, 60(3):225—253.

Kadish, A. (1989) *Historians, Economists, and Economic History*. Routledge, New York/London.

Kettel, T.P. (1870) *One Hundred Years' Progress of the United States*. L. Stebbins, Hartford.

Keynes. J.M. (1936) *The General Theory of Employment, Interest and Money*. Macmillan, London.

Knies, K. (1853) *Die Politische Okonomie vom Standpunkt der Geschichtlichen Methode*, Braunschweig, G. N. Schwetschte und Sohn.

Lamoreaux, N.R. (1998) "Economic History and the Cliometric Revolution", in Molho, A., Wood, G. S. (eds) *Imagined Histories: American Historians Interpret the Past*. Princeton University Press, Princeton, pp.59—84.

Libecap, G.D. (1997) "The New Institutional Economics and Economic History", *J Econ Hist*, 57(3):718—721.

List, F. (1877) *Das Nationale System der Politischen Okonomie*. Verlag der J. G. Cotta'sche Buchhandlung, Stuttgart.

Lyons, J.S., Cain, L.P., Williamson, S.H. (eds) (2008) *Reflections on the Cliometrics Revolution: Conversations with Economic Historians*. Routledge, London.

Machlup, F. (1952) *The Political Economy of Monopoly: Business, Labor and Government Policies*. Johns Hopkins University Press, Baltimore.

Maloney, J. (1976) "Marshall, Cunningham, and the Emerging Economics Profession", *Econ Hist Rev*, 29(3):440—451.

Marshall, A. (1890) *Principles of Economics*. Macmillan, London/New York.

Marshall, A. (1897) "The Old Generation of Economists and the New", *Q J Econ*, XI, pp.115—135.

Mason, E.S. (1982) "The Harvard Department of Economics from the Beginning to World War II", *Q J Econ*, XCVII:383—433.

Matthews, R.C.O. (1986) "The Economics of Institutions and the Sources of Economic

Growth", *Econ J*, 96:903—918.

McCloskey, D.N. (1992) "Robert William Fogel: An Appreciation by an Adopted Student", in Goldin, C., Rockoff, H. (eds) *Strategic Factors in Nineteenth Century American Economic History: A Volume to Honor Robert W. Fogel*. University of Chicago Press, Chicago, pp.14—25.

McCloskey, D. N. (2006) *The Bourgeois Virtues: Ethics for an Age of Commerce*. University of Chicago Press, Chicago.

McCloskey, D. [Donald] (1978) "The Achievements of the Cliometric School", *J Econ Hist*, 38(1):13—28.

McCloskey, D. [Donald] (1985) *The Rhetoric of Economics*. University of Wisconsin Press, Madison.

McCloskey, D. [Donald] (1986) "Economics as an Historical Science", in Parker, W.N. (ed) *Economic History and the Modern Economist*. Basil Blackwell, New York, pp.63—70.

McCloskey, D. [Donald] (1987) "Responses to My Critics", *East Econ J*, XIII (3): 308—311.

Menard C, Shirley, M. M. (2014) "The Contribution of Douglass North to New Institutional Economics", in Galiani, S., Sened, I. (eds) *Economic Institutions, Rights, Growth, and Sustainability: The Legacy of Douglass North*. Cambridge University Press, Cambridge.

Menger, C. (1884) *Die Irrthümer des Historismus in der deutschen Nationalökonomie*. Alfred Hölder, Vienna.

Meyer, J.R. (1997) "Notes on Cliometrics' Fortieth", *Am Econ Rev Pap Proc*, 87 (2): 409—411.

Meyer, J.R., Conrad, A.H. (1957) "Economic Theory, Statistical Inference, and Economic History", *J Econ Hist*, 17 (4):524—544.

Mitch, D. (2010) "Chicago and Economic History", in Emmett, R.B. (ed) *The Elgar Companion to the Chicago School of Economics*. Edward Elgar, Cheltenham/Northampton,

MA, pp.114—127.

Mitch, D. (2011) "Economic History in Departments of Economics: The Case of the University of Chicago, 1892 to the Present", *Soc Sci Hist*, 35(2):237—271.

Mitchell, W. C. (1913) *Business Cycles*. University of California Press, Berkeley.

Nef, J. U. (1941) "The Responsibility of Economic Historians", *J Econ Hist*, 1(Supplement: The Tasks of Economic History):1—8.

Newmarch, W., in collaboration with Tooke, T. (1857) *A History of Prices, and of the State of the Circulation During the Nine Years, 1848—1856, Forming the Fifth and Sixth Volumes of the History of Prices from 1792 to the Present Time, vol.8*, London.

Nicholas, S. (1997) "The Future of Economic History in Australia", *Aust Econ Hist Rev*, 37(3):267—274.

North, D.C. (1961) *The Economic Growth of the United States 1790—1860*. Prentice-Hall, Englewood Cliffs.

North, D. C. (1965) "The State of Economic History", *Am Econ Rev Pap Proc*, 55 (2):86—91.

North, D.C. (1966) *Growth and Welfare in the American Past: A New Economic History*. Prentice-Hall, Englewood Cliffs.

North, D.C. (1990) *Institutions, Institutional Change and Economic Performance*. Cambridge University Press, New York.

North, D.C. (1997) "Cliometrics-40 Years Later", *Am Econ Rev*, 87(2):412—414.

Parker, W.N. (ed) (1960) *Trends in the American Economy in the Nineteenth Century. Studies in Income and Wealth, vol.24, Conference on Research in Income and Wealth*. Princeton University Press, Princeton.

Parker, W.N. (1980) "The Historiography of American Economic History", in Porter, G. (ed) *Encyclopedia of American Economic History: Studies of the Principal Movements and Ideas, vol.1*. Charles Scribner's, New York, pp.3—16.

Parker, W.N. (ed) (1986) *Economic His-*

tory and the Modern Economist. Basil Blackwell, Oxford/New York.

Persons, W.M. (1919) "An Index of General Business Conditions", *Rev Econ Stat*, 1 (2):111—117.

Pitkin, T. (1816) *Statistical View of the Commerce of the United States*. James Eastburn, New York.

Polanyi, K. (1944) *The Great Transformation*. Farrar & Rinehart, New York.

Purdue University Department of Economics. (1967) *Purdue Faculty Papers in Economic History, 1956—1966*. Richard D. Irwin, Homewood.

Redlich, F. (1965) "'New' and Traditional Approaches to Economic History and Their Interdependence", *J Econ Hist*, 25(4):480—495.

Reinert, E.S., Carpenter, K. (2014) "German Language Economic Bestsellers Before 1850", working papers in technology governance and Economic dynamics no 58.

Rogin, L. (1931) *The Introduction of Farm Machinery in Its Relation to the Productivity of Labor in the Agriculture of the United States During the Nineteenth Century*. University of California Press, Berkeley.

Roscher, W.(1843) *Grundriss zu Volesungen uber die Saatswirtschaft nach Geschichtlicher Methode*. Dieterichsschen Buchhandlung, Göttingen.

Seybert, A. (1818) *Statistical Annals*. Thomas Dobson & Son, Philadelphia.

Stoianovich, T. (1976) *French Historical Method: The Annales Paradigm*. Cornell University Press, Ithaca.

Supple, B. (1965) "Has the Early History of Developed Countries any Current Relevance?", *Am Econ Rev Pap Proc*, 55(2):99—103.

Taussig, F.W. (1888) *Tariff History of the United States*. G.P. Putnam's, New York.

Tawney, R.H. (1933) "The Study of Economic History", *Economica*, 39:1—21.

Temin, P. (1969) *The Jacksonian Economy*. W. W. Norton, New York.

Temin, P. (2014) "Economic History and Economic Development: New Economic History in Retrospect and Prospect", working paper 20107, NBER working paper series.

Temple, S. W. (1672) *Observations upon the United Provinces of the Netherlands*. Printed for Jacob Tonson, London.

Tilly, R. (2001) "German Economic History and Cliometrics: A Selective Survey of Recent Tendencies", *Eur Rev Econ Hist*, 5(2):151—187.

Toynbee, A. (1884) *Lectures on the Industrial Revolution in England: Public Addresses, Notes and Other Fragments, together with a Short Memoir*. Rivington's, London.

Tribe, K. (2000) "The Cambridge Economics Tripos 1903—1955 and the Training of Economists", *Manch Sch*, 68(2):222—248.

Turner, F.J. (1893) *The Significance of the Frontier in American History*. American Historical Association Annual Report. Government Printing Office, Washington, DC, pp. 199—227.

United States Census Bureau. (1960) *Historical Statistics of the United States, Colonial Times to 1957*. US Department of Commerce, Bureau of the Census, Washington, DC.

Veblen, T. (1901) "Gustav Schmoller's Economics", *Q J Econ*, 16(1):69—93.

Weintraub, E.R. (2002) *How Economics Became Mathematical Science*. Duke University Press, London/Durham.

Whaples, R. (1991) "A Quantitative History of the Journal of Economic History and the Cliometric Revolution", *J Econ Hist*, 51(2):289—301.

Williamson, O. (1985) *The Economic Institutions of Capitalism*. Free Press, New York.

Williamson, S.H. (1991) "The History of Cliometrics", in Mokyr, J. (ed) *The Vital One: Essays in Honor of Jonathan R. T. Hughes*. JAI Press, Greenwich, pp.15—31. REH, supplement 6.

Williamson, S.H. (1994) "The History of Cliometrics", in Engerman, S. L. et al. (eds) *Two Pioneers of Cliometrics: Robert W. Fogel and Douglass C. North, Nobel Laureates of 1993*. The Cliometric Society, Miami.

Williamson, S. H., Whaples, R. (2003) "Cliometrics", in Mokyr, J. (ed) *The Oxford Encyclopedia of Economic History*, *vol. 1*. Oxford University Press, Oxford/New York, pp.446—447.

Wright, C. (1941) *Economic History of the United States*. McGraw-Hill, New York.

第二章

罗伯特·福格尔对计量史学的贡献

戴维·米奇

摘要

在提倡将量化方法和经济理论应用在经济史和长期经济变迁研究的学者中，罗伯特·福格尔是最早也是最有力的倡导者之一。通过对铁路的经济影响和美国奴隶制经济史的研究，他展示了计量史学的方法有可能挑战和推翻长期以来建立在经济史叙事方法之上的观点。他与斯坦利·恩格尔曼合编了《美国经济史新释》，该书于1971年出版，既向经济学家也向历史学家提供了一个早期的实例，表明计量史学方法可以广泛地应用于经济史的各个领域。在福格尔的整个职业生涯中，他主张使用计量史学的方法来研究更广泛的历史，而不仅仅是经济史。1993年，他与道格拉斯·诺思共同获得诺贝尔经济学奖，他的贡献得到了认可。在随后的20年里，福格尔开展了一个跨学科的研究项目，重点关注从长期来看技术进步、营养、人类健康和死亡率之间的相互作用发生了怎样的变化，这个项目一直持续2013年他去世为止。他的学术生涯以《变化的身体》(与罗德里克·弗劳德、伯纳德·哈里斯和索楚洪合著)这部著作告终。

关键词

人体计量学　反事实　经济增长　铁路　奴隶制　社会节约　技术生理
进化

引　言

在提倡将量化方法和经济理论应用在经济史和长期经济变迁研究的学者中,罗伯特·福格尔是最早也是最有力的倡导者之一。通过对铁路的经济影响和美国奴隶制经济史的研究,他展示了计量史学的方法有可能挑战和推翻长期以来建立在经济史叙事方法之上的观点。他与斯坦利·恩格尔曼合编了《美国经济史新释》(Fogel and Engerman, 1971),既向经济学家也向历史学家提供了一个早期的实例,表明计量史学方法可以广泛地应用于经济史的各个领域。他喜欢用挑衅的方式来阐释他的结论,不仅引发了争议,也使他的研究领域持续受到关注。在福格尔的整个职业生涯中,他主张使用计量史学的方法来研究更广泛的历史,而不仅仅是经济史。此外,他在大学里开设了经济史研习班,这个研习班非常有名;他培养出许多学生,这些学生凭借自身实力在经济史领域取得了杰出的成就;他通过美国国家经济研究局创立了"美国经济发展"(Development of the American Economy)项目,借此对经济史的实践产生了重大的组织影响。1993 年,他与道格拉斯·诺思共同获得诺贝尔经济学奖,他的贡献得到了认可。

福格尔自身的思想发展过程与诺思的极为不同。两人起先都是马克思主义者,撰写的学位论文主题都是商业企业,福格尔的硕士论文研究的是联合太平洋铁路公司(Union Pacific Railroad),而诺思研究的是大型寿险公司。然而,在福格尔的整个学术生涯中,他的学术研究是建立在实证数据和事实依据基础之上的。他发掘数据的技艺高超,并且自始至终都在寻找新的实证资料。福格尔的研究显然一直以经济理论为基础,他本人曾经担任美国经济协会会长。相比之下,诺思则更加注重概念,他逐渐触及社会科学的其他学科领域,并在政治学和历史社会学方面产生了重大影响。诺思从未担任过美国经济协会会长,虽然他早期的一些研究有实证基础,但他并不依赖档案资料和大型数据库,并未将其作为自己学术研究重要的组成部分。

35

福格尔与诺思观点一致,认为经济进程在根本上是历史性的。但要解释为什么会出现这样的情况,福格尔不太强调制度和政治进程的作用,反而比较重视技术和生物过程的作用。福格尔比较重视用经济学的工具来重新建构史学领域,与福格尔相比,诺思在更大程度上将经济史视为改善经济学学科的必要条件。有趣的是,福格尔将诺思看作经济理论家,而不是,或者不仅仅是经济史学家。

在福格尔整个学术生涯中,他认为经济史,更具体地说是计量史学与经济增长的研究密不可分。他对经济增长研究第一个重大的影响是,对 W. W. 罗斯托(W. W. Rostow)关于经济增长过程中铁路等主导部门起到什么作用的看法所作的回应。人们有时会忽略,福格尔对奴隶制的研究始于他试图解释美国南部经济增长相对滞后的根源。为了弄清楚这个问题,福格尔开始研究奴隶制对增长的阻碍作用有什么重要意义。长期来看,经济增长与人类的生理发育存在关联,福格尔对人体测量学的研究正与此有关。

福格尔的论著中经常会对当时的问题作出回应。例如,20 世纪 60 年代民权运动爆发,城市出现种族骚乱,这似乎是激发他决定对美国内战前南方的奴隶制进行计量研究的主要因素。

纵观福格尔的学术生涯,他的学术兴趣发生过很大的变化。虽然福格尔一直对研究长期经济变迁的库兹涅茨传统感兴趣,但当他于 1981 年回到芝加哥大学时,他的研究重点越来越集中在他所谓的生物人口学和健康经济学上。

罗伯特·福格尔的生平和他的学生

罗伯特·威廉·福格尔于 1926 年 7 月 1 日出生在纽约市,他的父母在俄国革命后移民美国。他就读于纽约市的公立学校,之后开始在康奈尔大学攻读电气工程本科课程。由于他对资本主义经济中失业问题的认识日益加深,福格尔转而主修历史学,辅修经济学,1948 年从康奈尔大学毕业。在20 世纪 50 年代初,福格尔是共产党的一名组织者。*

---

* 福格尔是美国民主青年组织(American Youth for Democracy)校园分部的主席。——译者注

1956 年，福格尔开始在哥伦比亚大学攻读经济史研究生课程，以便追寻他的兴趣所在——马克思主义关于长期经济变迁性质的重大问题。在哥伦比亚大学，他在卡特·古德里奇（Carter Goodrich）的指导下获得了硕士学位，硕士论文将联合太平洋铁路公司作为早期企业的案例进行研究。他还跟随乔治·施蒂格勒（George Stigler）学习过经济学课程。在古德里奇的鼓励下，福格尔进入约翰斯·霍普金斯大学攻读经济学博士课程，师从西蒙·库兹涅茨，学习用量化的方法来研究经济增长。1958 年，他在约翰斯·霍普金斯大学担任讲师，1960 年，他被任命为罗切斯特大学经济学助理教授。福格尔在 1963 年来到芝加哥大学，起先担任福特基金会客座研究教授，同年在约翰斯·霍普金斯大学完成了关于铁路和经济增长的论文。

提起芝加哥经济学派（Chicago school of Economics），人们就会联想到芝加哥大学经济学系，由于它强调理性选择和市场过程，所以人们常说它是"非历史"的。事实上，到福格尔 1963 年加入经济系的时候，它的经济史传统就已经形成了（可以追溯至 1892 年芝加哥大学成立时）。切斯特·赖特在 1907 年入职，约翰·尼夫在 1929 年加入。后来，芝加哥大学在 1947 年聘请厄尔·汉密尔顿来接替切斯特·赖特。到 1963 年，厄尔·汉密尔顿在经济系已经退居二线，不再积极承担经济史教学工作，最终福格尔被延聘至该系，成为汉密尔顿的接班人。芝加哥大学之所以会聘任福格尔，一方面是想让他教授经济史，这是研究生的必修课程；另一方面是由于他在经济增长和发展方面所做的研究，芝加哥大学对这个领域的关注越来越多。但更重要的是，经济系的许多知名人士都认为经济史是经济学的基本组成部分，他们迫切需要招募一位能在这方面发挥积极作用的人。福格尔以福特基金会客座研究教授的身份在 1963—1964 学年应邀访问该系，1963 年秋受聘成为终身副教授，在 1964 年成为正式员工。米尔顿·弗里德曼（Milton Friedman）认为，芝加哥大学经济学系知晓福格尔在经济史研究中采用了计量史学的方法，而且认为这是一个优势，他们之所以聘请福格尔，与其说是因为经济系明确承诺要聘请一位计量史学家，不如说是因为事实证明福格尔具备独创性，并且有望成为经济史领域的领军人物。

20 世纪 60 年代，美国的高等教育显著扩张，与此相随，这一时期对新教师的需求旺盛。此外，由于新经济史刚刚兴起，当时主要的经济学系对新经济史学者的需求量特别大。因此,福格尔经常收到其他机构的邀请就不足为奇了。再加上芝加哥大学认识到福格尔是经济学一个领域内的一项创新方法最重要的参与者,而经济系当时特别希望将这个方法推广开来,因此在1965年将福格尔晋升为正教授,这距离他以副教授的身份加入该系仅仅过了一年。福格尔不仅能获得可观的薪水,还能获得广泛的研究支持,这当中包括接受资助成立经济史研讨班,这个研讨班在1964年秋季开始举办。芝加哥大学经济系向阿尔伯特·菲什洛(Albert Fishlow)伸出橄榄枝,这更一步体现出他们当时在经济史方面孜孜以求,而菲什洛曾两次拒绝了他们的邀请,选择留在加利福尼亚大学伯克利分校。尽管福格尔和菲什洛都研究美国经济史,相似的学位论文主题和专长使他们之间存在潜在的竞争关系,但是福格尔选择菲什洛做自己的同事,这表明他非常重视菲什洛,也说明他在选择同事时将学术价值放在其他考量之上。

37 1975—1976年,福格尔担任剑桥大学美国制度研究庇特讲席教授(Pitt Professor of American Institutions),1976—1981年在哈佛大学任教。在此期间,他在创设隶属于美国国家经济研究局的"美国经济发展"项目方面发挥了核心作用。

1981年,福格尔返回芝加哥大学,接替乔治·施蒂格勒成为商学院美国制度研究沃尔格林讲席教授(Walgreen Professor of American Institutions),他在那里建立了人口经济学中心(Center for Population Economics)。福格尔还是芝加哥大学社会思想委员会(Committee on Social Thought)的成员。1993年,福格尔被授予诺贝尔经济学奖(与道格拉斯·诺思共同获得),以表彰他让研究经济史的量化工具和理论工具有了发展。他并未从教职岗位上退休,直至2013年去世之前仍在出版论著。

福格尔在芝加哥大学和哈佛大学都有许多学生,他们凭借自身实力在经济史领域取得了杰出的成就,比如爱丽丝·汉森·琼斯(Alice Hanson Jones)、拉里·威默(Larry Wimmer)、彼得·希尔(Peter Hill)、雅各布·梅策(Jacob Metzer)、克莱恩·波普(Clayne Pope)、克劳迪娅·戈尔丁(Claudia Goldin)、休·罗克夫(Hugh Rockoff)、迈克尔·博多(Michael Bordo)、约瑟夫·里德(Joseph Reid)、弗兰克·刘易斯(Frank Lewis)、理查德·斯特克尔(Richard Steckel)、戴维·加伦森(David Galenson)、罗伯特·马戈(Robert

Margo)、肯尼思·索科洛夫(Kenneth Sokoloff)、乔纳森·普里切特(Jonathan Pritchett)、珍妮·伯恩·沃尔(Jenny Bourne Wahl)、约翰·莫恩(John Moen)、约翰·科姆洛什(John Komlos)、多拉·科斯塔(Dora Costa)和约瑟夫·费列(Joseph Ferrie)。

新经济史:理论和量化的作用

　　罗伯特·福格尔通常被认为是计量史学(或者被称为"新经济史",有时也被称为"计量经济史"或"历史经济学")的先驱之一。事实上,瑞典皇家科学院1993年的新闻稿(Royal Swedish Academy of Sciences,1993)就提到了这一点。实际上,计量史学的建立通常要追溯到1957年9月在马萨诸塞州威廉斯敦(Williamstown)举行的一次会议,这次会议由美国经济史协会和美国国家经济研究局联合主办。当时,福格尔刚开始在约翰斯·霍普金斯大学攻读博士学位。福格尔本人(Fogel,1995)甚至将计量史学的起源追溯至更早,将它追溯到第二次世界大战之前史学、社会科学和数学的进步。计量史学一般的定义是,使用定量的方法和社会科学的观点来研究历史。自从"计量史学"这个词在20世纪60年代初首次被提出来以后,计量史学的定义一直在变化。[①]计量史学与传统经济史研究在方法上的区别在于前者强调量化和理论分析,但在新、旧经济史学家之间,其他根本性的区别似乎让双方到了势不两立的关头。确实如上文所述,在计量史学之前的历史学中经常广泛使用量化的方法。可以看到,计量史学与传统经济史研究最少还有三个根本的区别(其中有福格尔提出的一种):第一,传统史学强调叙述和描写,而新经济史则强调因果解释,重视使用形式化模型(Cochrane,1969;

38

---

① 例如可见萨奇(Sutch,1982)、麦克洛斯基(McCloskey,1978,1987)和威廉姆森(Williamson,1991)的论述。福格尔和埃尔顿(Fogel and Elton,1983)在他们著作第24页的脚注里提供了一份广泛的参考文献,对计量史学的性质进行了探究,麦克洛斯基和赫什(McCloskey and Hersh,1990)的著作也提供了这方面的参考文献。关于计量史学的历史,请参阅威廉姆森(Williamson,1991)和德鲁克(Drukker,2006)的论述。

Hacker,1966);第二,传统经济史关注制度,而新经济史关注过程(Redlich,1965);第三,福格尔和埃尔顿(Fogel and Elton,1983:29)提出传统史学关注"特定的个体、特定的制度、特定的思想和非重复性事件",而践行科学史学的量化史学家则关注"个体的集合、各类机构和重复发生的事情"。

在20世纪50年代末和60年代初,起初在用计量史学来研究的历史中,最显而易见的可能是经济的历史,而与这个术语最明显相关的社会科学视角也是经济学的视角。然而在同一时期,定量方法和社会科学模型在历史的其他领域也用得越来越广泛。因此,美国历史协会在1962年成立了一个"收集美国政治史基础量化数据特别委员会"(Ad Hoc Committee to Collect the Basic Quantitative Data of American Political History)(Swierenga,1970)。1964年,由社会科学研究委员会(Social Science Research Council)和行为科学高级研究中心(Center for Advanced Study in the Behavioral Sciences)共同赞助成立了"数学社会科学理事会"(Mathematical Social Science Board,MSSB)。据称,该理事会的目的是"促进前沿研究的发展,训练学者将数学方法应用于社会科学"(Aydelotte et al.,1972:vii)。数学社会科学理事会很早就对将数学应用于史学产生了兴趣,并且在1965年成立了一个"史学的数学和统计方法委员会"(Committee on Mathematical and Statistical Methods in History)。该委员会由罗伯特·福格尔领导,成员包括数学经济学家莱昂内尔·麦肯齐(Lionel McKenzie)、统计学家弗雷德里克·莫斯特勒(Frederick Mosteller)、政治史学家威廉·O.艾德洛特(William O. Aydelotte)、美国史学家奥斯卡·汉德林(Oscar Handlin),以及政治史和农史学家艾伦·G.博格(Allan G. Bogue)(Bogue,1968)。福格尔领导该委员会的一个目的,就是展示数学和统计学方法能够被用在各种历史问题上,而不仅仅是被用在经济史问题上。在福格尔写给弗雷德里克·莫斯特勒的一封信中,他谈到委员会一次早期会议的议程,信中说:

我认为,通史项目1(General History Project I)是我们潜在任务中最重要的。……因为我希望能够借着这个项目产生一系列论文,能够通过这些论文向历史学家展示可以用各种数学和统计学的方法——从非常简单的统计概念,到非常复杂的多方程体系——来分析历史问题,也可以向他们展示使用这些模型的各种情形和各种方式。①

　　1975 年，社会科学史协会（Social Science History Association）的成立，表明在研究一系列的历史问题时可使用数学、统计学和社会科学来进行分析。20 世纪 70 年代初，经过福格尔的一番努力，"历史中的数学方法委员会" 39（Committee on Mathematical Methods in History）在芝加哥大学成立。它是量化及社会科学史方面一个重要的研究生项目，这一举措表明福格尔认同计量史学这种宽泛的、社会科学的概念。②这一点在他关于计量史学的陈述中也很明显，他使用更宽泛的"科学史学"一词来称呼它（Fogel，1995；Fogel and Elton，1983）。

　　福格尔认为，要将量化的方法应用到历史中，不仅需要对实证数据进行统计分析，而且还需要使用正规的数学。福格尔（Fogel，1995：54）引述了 1982 年《美国传统词典》（*American Heritage Dictionary*）上对计量史学的定义，即"运用先进的数学方法来处理和分析数据的历史研究"。福格尔担任数学社会科学理事会历史委员会的主席，如其名所示，该委员会要考虑如何将数学和统计学的方法应用于历史研究。福格尔在 1973 年写给弗雷德里克·莫斯特勒的信中谈到了早期在历史委员会由他组织的一场的会议，他总结道：

　　　　在我看来，这次会议的核心任务是发表一组论文。这些论文将破除数学模型是道紧箍咒的观念，它们将证明，如果数学模型使用得当，不仅会让分析更加灵活，而且会大大拓展历史分析的机会。

　　福格尔在芝加哥大学提出，在历史研究中要使用社会科学和定量的方

---

①　罗伯特·福格尔致弗雷德里克·莫斯特勒的信函，1965 年 4 月 9 日，见罗伯特·福格尔的文章，第 151 匣，弗雷德里克·莫斯特勒文档，芝加哥大学图书馆特藏研究中心藏。

②　参见福格尔致罗伯特·麦克亚当斯的便笺《关于在芝加哥大学成立历史中的数学方法委员会的提议》，1973 年 8 月 13 日，见罗伯特·福格尔的文章，第 145 匣，罗伯特·麦克亚当斯档案夹，芝加哥大学图书馆特藏研究中心藏。

法,这个项目被命名为"历史中的数学方法委员会",表明福格尔愿意接受将广泛使用数学作为计量史学的一个标志。

在量化史学方法中,进行定量分析和从经济理论的角度来看问题有什么独到之处? 福格尔在考虑这个问题时强调理论与计量有内在关联。他认为,理论有助于更有效地进行计量。福格尔(Fogel,1966:7—8)注意到:

> 新经济史在方法上的特征是它强调计量,并且认识到了计量与理论密切相关。经济史一直倾向于进行量化,但过去许多数值分析工作仅仅是找到商业记录和政府记录中的数据并简单对其进行分类。……国民收入账户中包含大量的统计重建工作,其先驱不是经济史学家,而是实证的经济学家,比如美国的西蒙·库兹涅茨。……尽管经济史学家们在国民收入核算方面做了大量的工作,但他们并没有立即尝试将统计重建过程扩展到他们领域中浩如烟海的问题上来。

如果说福格尔在早期的论述(Fogel,1964b)中比较重视理论而非计量,将其作为计量史学独特的标志,那么他在这些论述中也传达出这样的意思,即理论的作用在于它能使计量更有效。

正如上文所述,尽管福格尔一直提倡在历史研究中进行量化以及将社会科学的观点用于历史研究,是这方面最有力的倡导者和最执着的拥护者之一,但他肯定不是第一个这样做的人。事实上,尽管福格尔和道格拉斯·诺思从未直接合作过,但他们两人共同获得了诺贝尔奖,这表明计量史学是在许多学者的努力下产生的。然而,在计量史学方法方面有一个工具与福格尔直接相关,那就是反事实分析的运用。反事实分析的基本原理是,为了确定某个因素有什么影响,必须考虑在没有该因素的情况下会发生什么。福格尔(Fogel,1967:285)用这一原理来分析历史上的经济发展,他指出:

> 我们无法确定关税、奴隶制、公司、铁路、贝塞麦转炉(Bessemer converter)、收割机、电报、《宅地法》(Homestead Act)或区域间贸易对经济的影响——不管是正面的还是负面的,前提是我们不考虑如果没有这样的制度、流程和人工制品,经济将如何发展。显然,人们没有观察到关于美

40

国发展的这些反事实模式,这些模式也没有被记录在历史文献中。为了确定在缺乏特定制度的情况下会发生什么,经济史学家需要一套一般性的陈述,以便让他能够从实际存在的制度和关系中推断出反事实的情况。

福格尔并非将反事实分析用在经济史领域的第一人,反事实分析是由康拉德和迈耶(Conrad and Meyer,1957)在一篇关于方法论的文章中提出的。福格尔本人(Fogel,1967)不仅认为康拉德和迈耶的论文具有影响力,还注意到了弗里茨·马克卢普(Machlup,1952)对反事实推理的讨论。按照马克卢普的说法,反事实分析只不过是系统的分析推理。或者像约翰·迈耶在1957年威廉斯敦会议*40周年回顾中所言:"从本质上来说,所有的政策建议和政策主张几乎都是反事实的,即如果一项拟议的政策被采纳而不是被拒绝或忽视,将会发生什么?"(Meyer,1997:410)亨普尔(Hempel,1942)论述了普遍规律在历史中的作用,福格尔指出这个讨论具有重要意义。

福格尔在研究铁路对美国经济增长的影响时使用了反事实分析,这引发了传统经济史学家弗里茨·雷德里奇的指责,他认为福格尔的工作是"捏造的",是"准历史"(Redlich,1965:486)。弗里茨·雷德里奇在其文章后续的修订版中表示"拒绝将基于反事实假设的研究视为真正的历史研究"(Redlich,1968 reprinted in Andreano,1970:92)。然而,在这篇文章的同一段落里,弗里茨·雷德里奇也承认反事实分析是有价值的,但他认为反事实分析应该是社会科学研究的一部分,不应将其归入历史分析:"我不想被人误解。我并不反对这种研究本身,我也不认为基于反事实假设的研究毫无价值。我只是想让人们意识到,它是社会科学重要的组成部分,并且我强调就历史而言它本质上是一种工具。"[Redlich,1968(1970):92]

福格尔对此作出回应,他认为反事实分析不仅在历史分析中是有用的工具,而且不管是要进行何种因果分析,还是要使用一般性规则,都不可避免地要用到反事实分析。福格尔还指出,历史学家实际上经常会进行反事实分析,只是他们没有承认这一点,或者在使用反事实时并未非常详细地考察其中所

41

涉及的假设(Fogel and Engerman，1971:10；另见 Davis，1968，1970)。

其他新经济史学家也经常采用反事实分析，然而为什么单单福格尔的研究受到了关注和批评？这个问题的部分原因，不仅在于他明确使用了反事实的方法，而且在于他在对铁路的影响进行研究时将这种方法应用到了什么程度。我们通过比较福格尔和阿尔伯特·菲什洛分析同一主题时所使用的方法可以发现这一点。菲什洛进行了反事实比较，分析了如果没有铁路，水路运输的成本会是多少。但菲什洛是基于 1859 年已有的运河系统进行分析的，这一点与福格尔不同。福格尔在分析 1890 年的情况时认为，如果没有铁路，全美国的运河系统会大规模地扩张。然后，他提出一个假定的运河系统，在没有铁路的情况下，这个系统可能会在 1890 年前建成。福格尔发现，如果存在这样一个扩张了的运河系统，他对铁路带来的社会节约的估计数字会大大降低。福格尔(Fogel，1979)认为，菲什洛利用现有的运河系统进行反事实分析，而他自己在考量中假设存在一个扩张了的运河系统，他们都是在做假设。很可能是因为构建了这样一个精心设计的、反事实的运河体系，才使福格尔的研究被他的批评者弗里茨·雷德里奇(Redlich，1965，1968)冠以"捏造"的名号。

有时候有人会认为，传统经济史和新经济史之间的冲突至少在一定程度上是代际冲突，这反映出新经济史学家的"少壮派"轻率鲁莽(McCloskey，1985)。罗伯特·福格尔的论文指导老师西蒙·库兹涅茨有时会训诫福格尔，因为福格尔对较为传统的经济史学家不够尊重。这很有趣，不仅体现出代际矛盾，而且证明学生和导师之间也关系紧张，另外还凸显了库兹涅茨连接传统方法和计量史学方法的独特作用。在库兹涅茨于 1962 年 8 月 17 日写给福格尔的一封信中，他提到了一篇论文草稿中的一段话：

文章给人的印象是许多传统经济史学家都理解力欠佳、想象力欠缺，这会得罪人。我劝你在做定稿前的修订时通读全文，反复梳理，尽量不要让人产生这种印象。①

① 罗伯特·福格尔的文章，第 157 匣，西蒙·库兹涅茨档案夹，芝加哥大学图书馆特藏研究中心藏。

库兹涅茨在 1963 年 5 月 15 日写给福格尔的信中表示,他想要:

> 再次劝告你……删掉一些陈述,这些陈述给我的印象是,它们可能会激怒别人,这只会让他们更加难以赏识你所作分析的价值。我是指这些说法大体上对计量经济分析多溢美之词,言下之意是你对比较传统的经济史评价不高……总的来说,最好是让分析不言自明,宁可让你所遵循的方法可能具有的普遍效度有未论述充分之嫌。①

42

1963 年 6 月 5 日,福格尔在给库兹涅茨的回信中写道:

> 我确实同意您的观点,有必要进一步校订我书稿中的表述,它们似乎隐约透露出我在否定较为传统的经济史。这并非我的本意。我认为,在历史问题上,定量与定性的分析方法互为补充,相互促进。我不认为年轻的经济史学家们越来越强调更严格地使用理论和统计数据是在与过去决裂,我认为,这种做法是在进一步发展该学科中长期存在的一个趋势。与此同时,我不想弱化我的批评,我认为人们严重低估了将经济学其他领域得出的量化方法拓展到历史领域的机会。我还想强调,在理论方面也是这样。我意识到,我对方法的讨论特别倚重经济学和统计学的标准原则。我尤其深知,事实上我的许多论证都是在详细阐释您在各种文章和讲座中提出的观点。然而,我觉得当用方法来分析具体的历史问题时,方法上的争论对于那些以前误解方法重要性的人来说变得更有意义了。
>
> 一些人偏爱不精确的、凭直觉的方法,我试图阐明我的这些观点,又不想过分冒犯这些人。但是,我发现我在这方面的努力并没有完全成功。②

经济史对经济学学科有什么贡献? 福格尔阐释过自己的观点。联系这

---

① ② 罗伯特·福格尔的文章,第 157 匣,西蒙·库兹涅茨档案夹,芝加哥大学图书馆特藏研究中心藏。

一阐释,显而易见,福格尔认为传统经济史和新经济史之间具有连续性。

美国经济史新释

《美国经济史新释》是计量史学发展中的一个重要里程碑,该书在 1971 年由福格尔和恩格尔曼编辑出版。书中共有 36 篇论文,有些文章的作者一般不被认为是经济史学家。其中,兹维·格里利谢斯(Zvi Griliches)研究了杂交玉米的传播,T.W.舒尔茨(T.W. Schultz)把教育看作是资本积累,西蒙·库兹涅茨讨论了移民对劳动力增长的贡献。书中有些作者,比如詹姆斯·亨瑞塔(James Henretta)、艾伦·博格和玛格丽特·博格(Margaret Bogue)等人主要被看作历史学家。这部著作的前言简要介绍了它的三个功能。第一个功能是"帮助讲授美国史本科课程的教师向学生们介绍史学中的计量革命(quantitative revolution),以及由新方法产生的影响深远的重大修改"(Fogel and Engerman, 1971:XV),这一点颇为有趣。第二个功能是为教授经济学本科课程的教师提供材料,用以展示与经济学原理相关的现实世界。而为教授经济史的教师提供资料仅排在第三位。该书开篇是历史学家丹尼尔·布尔斯廷(Daniel Boorstin)的文章,题目是"扩展历史学家的词汇"。这部论著或许对经济史的教师影响最大,1976 年计划再版,但未能实现。

经济史:对经济增长的研究

如前所述,芝加哥大学经济系在 20 世纪 50 年代末、60 年代初对经济史产生了浓厚的兴趣,一个可能的原因是他们对经济增长的决定因素非常感兴趣。事实上,尽管厄尔·汉密尔顿自己主要研究货币问题,但他领导的研究小组却有固定的研究主题——研究增长和发展的历史。虽然由罗伯特·福格尔组织的研讨会讨论的是更为一般的经济史问题,但在 20 世纪 60 年代中期,福格尔自己的研究议题却认为经济史主要关注的是经济增长的决定因素。福格尔之所以会去研究铁路的经济影响,是因为人们普遍认为铁路这项关键创新对经济增长有贡献,而福格尔对此感兴趣。

20 世纪 60 年代初,计量史学活动共同关注的一个问题是研究经济增长(Drukker,2006)。道格拉斯·诺思 1961 年的专著《美国的经济增长》(*The Economic Growth of the U.S.*)和 1966 年的规范调查《美国过去的增长与福利:新经济史》(*Growth and Welfare in the American Past,A New Economic History*)都在标题中提及增长。诺思的学生兰斯·戴维斯、乔纳森·休斯和邓肯·麦克杜格尔(Duncan McDougall)在他们 1961 年首次出版的教材中也关注经济增长。事实上,戴维斯等人(Davis et al.,1961)在导言中详细论述了该书是如何按照主题来进行编排的,而大多数美国经济史教材常见的做法是按时间来排序,二者截然不同。该书的各个章节侧重分析经济增长各个关键的决定因素。兰斯·戴维斯等人(Davis et al.,1972)在 1972 年编写的教材《美国的经济增长:一位经济学家的美国历史》(*American Economic Growth:An Economist's History of the United States*)也以类似方式安排章节,书中有研究美国经济关键部门和重要部分的概述性文章。

福格尔对经济增长的决定因素感兴趣,怀揣着这份兴趣,他开始了经济史方面的研究生工作(Fogel,1994a)。20 世纪 60 年代初,福格尔在撰写他研究铁路的论文时,还计划编撰一本"发展经济学框架之内"的美国经济史教材,以及一部题为"美国经济增长中的战略因素"(Strategic Factors in American Economic Growth)的研究专著。[1]福格尔似乎对"战略因素"这个词组背后的概念很明确,而且多年来他开设的课程交替使用两个名字,一为"美国经济发展中的战略因素",一为"美国经济增长中的战略因素"。1961年 2 月 1 日,福格尔在写给莱昂内尔·麦肯齐(时任罗切斯特大学经济系主任)的便笺中描述了他如何看待经济增长中战略因素的性质: 44

> 我想把"经济学"227 的标题从"美国经济发展的重要因素"改为"美国经济发展中的战略因素"。我最初提交的是后一个题目。
>
> 我的课程想要甄别并分析那些影响美国经济增长进程的因素,即如

---

[1]　福格尔致库兹涅兹的信函,1961 年 8 月 28 日,第 3—4 页,见罗伯特·福格尔的文章,第 157 匣,西蒙·库兹涅茨档案夹,芝加哥大学图书馆特藏研究中心藏。写给哈罗德·巴杰的信函,1963 年 7 月 15 日,见罗伯特·福格尔的文章,第 146匣,哈罗德·巴杰档案夹,芝加哥大学图书馆特藏研究中心藏。

果没有那些因素,发展的记录将会从根本上发生改变。"重要"一词意指
"品质优良或地位优越",它仅意味着在重要性上的排序。重要事件不一
定能改变给定模式的布局,它产生的影响可能有限。廉价内陆水运的发
展、决定不再为美国第二银行(Second Bank of the United States)延长特
许经营权,这些一般都被认为是美国经济史上的重要事件。前者是 19
世纪上半叶经济增长的必要条件,后者不是;前者对经济活动发生的地
点和增长率产生的影响是战略性的,后者的影响不是。①

福格尔认为,经济史对于理解经济增长是有益处的,他认为这是经济史
的传统目标。福格尔确实强调要使用计量史学工具来为传统问题提供新答
案,他认为这一点具有重要意义。福格尔认为,新方法是否具有成效最终取
决于它们能否带来新解读,以及能否为新阐释提供支撑(Fogel and
Engerman, 1971:2)。

经济史研究的是经济活动的连续性以及经济变化,可以认为它要做的远
不止对经济增长进行研究。福格尔(Fogel, 1965:94)明确地将经济变化与
经济增长混为一谈,他引用了历史学派经济史学家威廉·阿什利的话,指出
阿什利认为经济学和经济史之间的矛盾是可以避免的,因为在阿什利看来,
"经济学本身和经济史关注的问题不同:前者关注现代经济静态的属性;后
者侧重于经济社会的演变——或者我们现在所谓的经济增长"。

但是,福格尔在哥伦比亚大学的老师卡特·古德里奇(Goodrich, 1960b:
536)指出:"在经济史学家同意让出位置来支持经济增长这门新学科之前,
还有一些问题需要考虑。"他认为:"经济史学家不能接受在时间和题材方面
对研究加以限制。"他接着指出,原始社会的经济生活和"涉及人的价值和经
济变化其他影响的问题"也是"过去经济史学家的中心议题"。保罗·戴维
(Paul David)是从事量化史学研究的专家,他似乎与古德里奇一样心怀忧虑。
保罗·戴维给福格尔写了一封信,信中论及福格尔在 1965 年发表的一篇关
于重新统一的文章(Fogel, 1965),他在信中指出:"我认为,重要的是让这种

---

① 见罗伯特·福格尔的文章,第 159 匣,莱昂内尔·麦肯齐档案夹,芝加哥大学图
书馆特藏研究中心藏。

区分保留下来,将'增长问题'作为长期变迁问题下的一个小问题。"①

　　在1971年与阿尔伯特·菲什洛合著的量化经济史评价中,福格尔承认
新经济史强调增长和发展问题,付出的代价是分配和福利问题缺失。除了
偏重关注经济增长罔顾公平与福利问题之外,福格尔还列举了新经济史的
其他缺陷(Fishlow and Fogel, 1971)。不过,虽然福格尔同意其他问题在经
济史领域有着重要意义,但他仍主张经济史学家继续探究与经济增长相关
的问题。

罗伯特·福格尔的重要贡献

　　罗伯特·福格尔在三个基本领域作出了重大贡献:(1)就铁路对美国经
济增长的贡献进行估算;(2)对美国内战前南部奴隶制经济的各个方面进行
考察;(3)人体测量学和技术生理进化。这些贡献以及它们随后在计量史学
研究中留下的遗产,都说明计量史学研究在不同的方面具有影响力。福格
尔的研究首先开发了一种具有创新性的概念工具——社会节约,并熟练而谨
慎地对其加以使用。社会节约的方法及其分支和反响,如今已在其他国家
和其他历史背景下得到广泛应用。关于铁路和更广泛的交通运输的近期研
究,采用了新的概念工具和计算机工具,以重新审视社会节约方法的研究结
论。福格尔的第二个项目研究的是奴隶制,他最初重视评估美国内战前奴
隶制农业与自由农业相比相对效率如何,后来对此进行了拓展,广泛地对奴
隶制经济学、奴隶社会和人口统计学进行了研究。虽然他在这项研究中大
量使用了经济学的基本理论和量化的分析工具,但叙述性描述也占据重要
地位,在福格尔(Fogel, 1989)关于奴隶制的第二本著作——《未经同意或未
订契约:美国奴隶制的兴衰》(*Without Consent or Contract: The Rise and Fall
of American Slavery*)中更是如此。福格尔最后一项研究的特点是具备跨学
科的特征,使用了来自体质人类学(physical anthropology)、营养学和健康科

---

① 　保罗·戴维致福格尔的信函,1964年12月4日,见罗伯特·福格尔的文章,第
　　149匣,保罗·戴维档案夹,芝加哥大学图书馆特藏研究中心藏。

学相关学科的方法和概念。

美国铁路的经济史

早期的企业——联合太平洋铁路公司

福格尔第一部关于铁路的著作是《联合太平洋铁路：早期企业的实例》（*The Union Pacific Railroad：A Case in Premature Enterprise*），该书在1960年出版，以他在哥伦比亚大学由卡特·古德里奇指导撰写的硕士论文为基础。这部著作对于理解计量史学特别重要，因为它是经济史"新"（即计量史学）、"旧"方法之间的桥梁。福格尔在序言中提到，这本书的主题是卡特·古德里奇向他建议的。古德里奇是一位比较重视制度的经济学家，他对历史有着浓厚的兴趣，曾担任经济史协会会长，在各种国际劳工组织中也很活跃。古德里奇还撰写了大量的文章，探究政府对经济产生了什么影响，《政府对美国运河和铁路的促进作用》（*Government Promotion of American Canals and Railroads*）就是他很重要的一部著作。因此，《联合太平洋铁路：早期企业的实例》作为一部研究美国一家重要商业企业的论著，不仅反映出政府和私营企业的共同作用，还清晰地反映了古德里奇长期以来研究的兴趣所在（参见 Goodrich，1960a）。该书副标题中，"早期企业"一词是全书的中心，发人深思。但阿尔伯特·菲什洛差不多在同一时间也出版了著作（Fishlow，1965），同样对美国内战前的铁路进行了研究。他在书中明确提出了另一种措辞——"建设超前于需求"，"早期企业"与"建设超前于需求"形成了鲜明的对比。

福格尔在《联合太平洋铁路：早期企业的实例》一书的序言中指出，与以往对联合太平洋铁路的历史进行研究的历史学家相比，他在书中所使用的方法一致性和差异性兼具。他列出四点不同，前三点与之前的历史学家提出的问题有关，包括：（1）表明国会在联合太平洋铁路方面的立法反映出政府不是逃避自己在这些企业中的责任，而是一直致力于斯；（2）新材料体现了企业筹资存在困难，重新估计对失败可能性所作的市场评估也反映了这一点；（3）重新估算企业的社会收益率，来评估政府参与是否明智。

然后他描述了第四点差异：

"……利用规范的经济理论来确定和分析史实。将利息理论与'公平博弈'(fair game)理论相结合,用联合太平洋铁路第一批抵押债券的市场价格,来推断从市场来看联合太平洋铁路失败的可能性有多大。根据租金理论来估算资本投资于铁路的社会回报率有多大。在确定为太平洋筑路进行融资和建设所提出来的各种建议的相对效率时,使用了现值的概念。"然后,他继续为使用弗里茨·马克卢普所阐述的反事实分析进行辩解(在他 1964 年的著作出版之前,他通常会这么做)。他接着为理论的作用辩白:"它对确定事实以及对事实进行解释都是有帮助的。"(Fogel,1960:10—11)

此前研究联合太平洋铁路公司的历史学家声称,19 世纪 60 年代政府对铁路建设的补贴滋生腐败,带来超额利润,而"镀金时代"(Gilded Age)普遍具有这种特征。在福格尔的研究中,他从原始资料入手,对铁路赚取的利润详加核算。他利用与债券价格相关的信息对铁路建设期间预期的"失败风险"进行估算。之后,他对估计出来的会计利润进行了调整,因为他对失败风险进行估计后,结果显示测量出来的风险溢价(risk premium)很高。因此,福格尔得出的结论是,声称利润过高言过其实,同时他还认为,联合太平洋公司来自公共和私人渠道的资金实际的组合可能不是最理想的选择。这项研究在将经济理论应用于历史分析方面有一个重要的贡献,那就是用财务模型来估计市场风险溢价。

这项研究另一个重要的贡献是福格尔使用了土地租金,他在随后出版的论著《铁路与美国经济增长:计量经济学史论文集》(Fogel,1964a)中对这个概念运用得更加充分。福格尔用风险溢价、土地租金来衡量铁路的社会效益,而这些效益并未计入投资者的私人回报率,这样他就可以计算出铁路的社会收益率与私人回报率的差距有多大。

铁路与美国经济增长

福格尔的博士论文和随后出版的著作《铁路与美国经济增长:计量经济学史论文集》对当时流行的观点提出了挑战,检验了铁路对美国经济增长的影响是否举足轻重。他计算了如果采用其他的水陆运输方式提供同等水平的运输服务,1890 年美国经济的成本会增加多少。福格尔用反事实的方法提出了一个假想的运河系统,假定如果没有铁路,那么这个运河系统就会建成。他估计铁路的社会节约不到 1890 年美国国民生产总值的 5%,他的发现引发其他学者质疑无数。福格尔对此的回应是,就美国的情况而言,就算将批评人士所提到的因素(例如规模效应,以及铁路/水路运输运费的测算问题)纳入合理考量,依旧可以看出它们对经济增长的贡献不大,它们并不是不可或缺的。不过,福格尔也承认对于其他经济体——比如墨西哥,其水路运输的渠道较为有限——铁路对经济增长的影响可能要大得多。福格尔的反事实方法在历史学家中间引起的争议相当大,一些人认为从根本上说它罔顾史实,是虚构的。福格尔回应道,经济史因果推理的分析方法需要提出反事实的问题,这一点是不可避免的。

福格尔关于铁路影响的一些发现涉及基本价格理论相对简单的应用。他发现地区间的铁路对交通运输社会节约的影响非常小,而且起初粗略测量结果为负,这个发现颇引人注目。这是由于区域间的交通运输可以通过水路进行,而水运的直接运输成本实际上比铁路的要低。如果考虑到水路运输存在季节性障碍,而且铁路的速度优于水路,那么铁路的贡献会增加,但不会显著增加。

然而,福格尔的另一个惊人发现是,铁路对地区内交通运输社会节约的贡献较大。他在计算时使用了两种方法:他先估计了直接的成本节省,而为了将溢出效应纳入考量,他又构建了另一套估计方法,后者使用了铁路的进入给土地租金带来的变化,他对联合太平洋铁路公司的研究也是这样。

福格尔这部著作最初在不同的方面引发了很多争议。其中,麦克莱兰(McClelland,1968)对福格尔(和菲什洛)的实证资料进行了批判,戴维(David,1969)对该书的分析框架提出批判。阿塔克和帕塞尔(Atack and Passell,1994)与福格尔(Fogel,1979)对此均有引述。福格尔(Fogel,1979:51)指出:"(关于铁路社会节约)争论的一些旁观者……把计量史学家之间的尖锐分歧看作社会科学方法,尤其是量化方法在历史研究中失败的证据。这种观点将人文的过程和科学的过程弄混了……科学创造……往往需要耗费很长时间,慢慢地日臻完善,且需要大量研究者为之努力……(就社会节约的争议来说,)研究人员和批评者的互动使分析逐渐深化,使估计过程得

48

以改进,在存在争论的问题上,人们又去寻找补允证据或者更可靠的证据。这场争论并不代表计量史学方法失败了,它标志着这种方法正在发挥作用。"

尽管福格尔在这个主题上的基础工作于20世纪60年代中期已经完成,但他在1978年以经济史协会会长的身份致辞时(这篇讲稿在1979年出版)又重提了这场争论,并且对批评者进行了回应。在此后的几十年里,人们重新开始关注铁路的影响。其中一个问题是,考察铁路在不同的国家产生了什么影响,所涉及的国家要比第一波研究铁路影响的论著涉及的范围更广。埃兰斯-隆坎(Herranz-Loncan,2006)的调查非常有用,科茨沃思(Coatsworth,1979)发现墨西哥1910年由铁路带来的社会节省不低于25%,萨默希尔(Summerhill,2003,2005)对1913年巴西和阿根廷的情况进行了估计,发现结果与墨西哥的类似。不过,更进一步的问题是,学者们使用极大改善了的数据库、地理信息系统技术,以及基于一般均衡理论的、更为复杂的模型工具来考察铁路所产生的影响(Atack,2013;Atack et al.,2010;Donaldson and Hornbeck,2016)。

对工业扩张的研究:内战前美国的钢铁

本着将新古典主义工具应用到经济增长研究中的精神,福格尔与经常和他合作的斯坦利·恩格尔曼(Fogel and Engerman,1969)建立了一个19世纪的美国钢铁工业模型,来考察内战前钢铁工业扩张过程中的波折起伏背后有哪些因素。他们尤其努力地区分技术进步和关税保护分别在影响行业扩张方面起到了什么作用。他们使用了基本的供求模型和柯布-道格拉斯生产函数,来估计对该行业木炭与无烟煤部门未来发展而言,关税保护与技术进步相比哪个影响更大。福格尔和恩格尔曼认为,关税保护对无烟煤行业的持续扩张是有益的,这种扩张由对其相对粗糙的金属产品(如铁轨)的需求增加所维持,而技术进步仅使这一行业稍有提振。不过,他们也认为,国内对无烟煤的需求不断增长,即使面临外国的竞争,这也足够让本国的工业得以扩张。相比之下,即使有关税保护,精炼炭铁的部门也会相对衰退,原因是对其产品的需求增长相对缓慢。福格尔和恩格尔曼本打算继续研究这个项目,将分析的时段向后拓展,延伸至美国钢铁工业兴起之时,但为了集中精力从事奴隶制的计量史学研究而放弃了这些计划(Fogel,1996)。

49

奴隶制的计量史学

苦难的时代,未经同意或未订契约

到 20 世纪 60 年代末,福格尔越来越将注意力集中在奴隶制的计量史学上。在福格尔之前,人们就十分热衷于将计量史学方法应用于奴隶制经济史研究,此传统可以追溯至 1957 年由经济史协会和美国国家经济研究局联合主办的会议。阿尔弗雷德·康拉德和约翰·迈耶在会上提交了一篇题为"美国内战前南方的奴隶制经济学"(The Economics of Slavery in the Antebellum South)的论文,他们发现,在整个美国南方腹地,奴隶种植园的收益率与北方制造业的收益率持平,或者甚至超过了后者。康拉德和迈耶(Conrad and Meyer,1958)的研究 1958 年发表在了《政治经济学杂志》(Journal of Political Economy)上,在福格尔的生平回忆里提到,当他还是约翰斯·霍普金斯大学博士研究生的时候,该校经济系的师生就一直对此争论不休。

福格尔(Fogel,1975c:667)指出,康拉德和迈耶发现奴隶农业比自由农业更有效率,这个反常的结论令他震惊,于是他和恩格尔曼在 1968 年决定终止上文提到的钢铁工业研究,并且"将我们全部的精力投入到奴隶制度研究中去"。这项研究工作既可归于长期以来探究奴隶制本身的史学研究,也可归入久已存在的探究奴隶制在多大程度上导致南方经济停滞的史学研究。后一个问题与福格尔先前对经济增长的关注是一脉相承的。

福格尔和恩格尔曼最初在 1968 年决定用计量史学方法来估算奴隶农业相对于自由农业效益如何,他们认为这最能对主流历史学家争议不断的奴隶制问题有所裨益,而不必纠缠于有关奴隶制的收益率、家长式操控问题、奴隶制对黑人心理的影响、奴隶制对奴隶家庭生活的拆解作用的既有研究。他们起初尝试用全要素生产率指标对南方奴隶农业和北方自由家庭农业的相对效率进行比较,结果发现奴隶农业的效率比北方自由农业的高 6%。他们所发现的这一结果相当令人惊讶,因为许多评论者都认为奴隶劳动本质上是低效的。福格尔和恩格尔曼为改善计量方法又进一步做了调整,结果使奴隶农业的相对优势实际上提高到了接近 40%。相关总结,见福格尔

（Fogel，1996）、福格尔和恩格尔曼（Fogel and Engerman，1977）以及其他人（Schaefer and Schmitz，1979；Field-Hendry，1995）后续的研究，他们考虑了规模经济对上述结果产生了什么影响。他们（Fogel and Engerman，1974，1977）还着重讨论了帮派制度在提高劳动生产率方面具有什么作用。他们认为，帮派体系会设定工作节奏，迫使帮派所有成员向最活跃的成员看齐，从而使生产率得以提高。①尽管福格尔和恩格尔曼最初使用帕克-高尔曼（Parker-Gallman）奴隶农场的样本进行计算＊，但他们随后对数据库进行了扩展，招募詹姆斯·福斯特（James Faust）和弗雷德·贝特曼（Fred Bateman）就北方 20 000 个农场的样本进行数据采集和编码。随着他们收集的数据越来越广泛，他们所考量的研究问题也越来越多，其中就包括奴隶的人口统计与物质待遇。

50

在福格尔等人的努力之下，大量新的数据资料得到发掘，可以解决各种各样与奴隶制有关的问题。这也引发了诸多争议，不仅计量史学家们之间存在争议（参见 David et al.，1976），主流历史学家和计量史学家之间也有纷争。引发争议的包括技术问题，例如怎样理解对奴隶农业与自由农业相对生产率的估量结果。争论扩展至对奴隶制系统更宽泛的叙述，还有人诋毁福格尔和恩格尔曼在捍卫的是奴隶制这个道德体系。福格尔和恩格尔曼决定出版一部面向普通读者的著作，同时出版一本关于辅助性技术发现的书，这本普通读物的出版速度过快，没有给其他学术专家留出充足的时间进行反馈，这些都进一步引发了争议。

1974 年出版《苦难的时代》（*Time on the Cross*）之后，福格尔后续又做了一些工作来对批评者进行回击，恩格尔曼则继续从事奴隶制方面的学术研究，涵盖了范围相当广泛的一些国家。福格尔在 1989 年出版了《未经同意

① 另见托曼（Toman，2005）的论文。对福格尔和恩格尔曼研究的批判性讨论，见莱特（Wright，1979）的文章。关于奴隶制效率文献方面最新的调查，请参阅赖特（Wright，2006）的著作，以及本丛书中萨奇关于"美国奴隶制与计量史学革命"的章节。

＊ 相关情况见：Donald Schaefer, Mark Schmitz, "The Parker-Gallman Sample and Wealth Distributions for the Antebellum South：A Comment"，*Explorations in Economic History*，22(2)：220—226。——译者注

或未订契约：美国奴隶制的兴衰》，这部著作有几卷是起辅助作用的技术资料*，它标志着福格尔这方面的工作告一段落。该书第二卷有两个特色值得关注：一个是第 29 页"奴隶制的道德问题"的"尾声"，另一个是第二部分用近 200 页来展开叙述"反对奴隶制的思想和政治运动"。

受 20 世纪 60 年代的民权运动的影响，60 年代后期，奴隶制问题开始在美国受到关注。事实上，福格尔和恩格尔曼（Fogel and Engerman，1974：Vol. 2，p.17）在《苦难的时代》一书的附录里提到"全国对种族关系感到紧张"，认为这使得在 1967 年关于"奴隶制阻碍经济增长"（Slavery as an obstacle to Economic Growth）的会议上，讨论变得非常激烈。"需谨记，"他们接着写道，"美国的城市连续爆发种族骚乱，1967 年的夏季已是第三个充斥着纵火、暴力和死亡的夏季。"福格尔暗暗地将研究转向了能与时事产生共鸣的历史主题，可能对计量史学后来的研究方向产生了一些影响。它意味着福格尔不再研究长期增长的决定因素，而这个话题似乎有力地证明了在经济学领域也能进行历史分析。笔者在 2005 年对福格尔做过一次采访，他强调长期变迁一直都是他研究的重点，他从来没有丧失这方面的兴趣。他说，他之所以转而研究奴隶制问题，是为了理解制度如何对经济增长产生影响（Mitch，2005）。

不管怎样，福格尔肯定认为奴隶制是一个重要的领域，既可以在其中应用计量史学的工具，也可以更精确地对此前研究奴隶制的历史学家所提出的问题加以阐述。

决定将大众作为受众

在福格尔对奴隶制的研究中，他还试图触及专业经济学家之外更为广泛的社会大众。其他与芝加哥学派有关的经济学家，包括弗里德里希·哈耶克（Friedrich Hayek）和米尔顿·弗里德曼，都发表过目标受众广泛的论著。

---

* 该书共有四卷，包含：*Without Consent or Contract：The Rise and Fall of American Slavery；Without Consent or Contract：Markets and Production，Technical Papers，Vol.Ⅰ；Without Consent or Contract：Conditions of Slave Life and the Transition to Freedom，Technical Papers，Vol.Ⅱ；Without Consent or Contract：The Rise and Fall of American Slavery：Evidence and Methods*。——译者注

福格尔之所以与众不同,或许是因为他的这部作品目的更加明确,就是希望
引起公众关注。1975 年,福格尔发表了三篇文章(Fogel,1975a,1975b,
1975c),在文中较为详细地论述了他的这个决定。他指出,奴隶制方面的新
近研究越来越多地触及更大的问题,不再只局限于康拉德和迈耶最初的计
量史学研究所关注的盈利能力和效率问题。福格尔解释说,持续收集种植
园和遗嘱认证的记录让研究的问题范围更广,已经超出了"纯经济问题,
如收益率和效率……很明显,应该扩展我们的专著,将奴隶劳动力的技能
构成、奴隶家庭、奴隶死亡率和奴隶疾病率等主题纳入其中"(Fogel,
1975c:670)。而且"奴隶制计量史学研究第三个阶段主要的特征是,从强
调奴隶制度如何运转,转变为复原黑人的历史。开启第三个阶段并未使第
二个阶段终了。相反,这两个阶段和平共处,彼此会赋予对方活力"(Fogel,
1975b:42)。最后,福格尔解释了他为什么决定要去接触更多受众(Fogel,
1975c:670):

　　我们还决定,不待正在进行的研究完成,就将奴隶制方面积累了超
过 15 年的计量史学研究成果公之于众。我们决定撰写一部面向普通大
众的著作,这并非易事,也非临时起意……但直到我们开始从种植园和
遗嘱认证记录中筛选新数据时,我们才确信计量史学研究经日积月累已
达临界水平……既然我们认为,解释性的论著会开启一场新辩论,而非
终结一场旧辩论,这样的出版安排似乎合乎情理。自然,诸位同仁在有
机会仔细查看我们的技术方法之前,有权利对我们的研究结果持保留意
见……尽管大多数评论都非常赞同我们的出版计划,但我们也收到了一
些尖锐的负面言辞……还有一位读者对我们决定以这种面向大众的形
式发布技术成果尤为忐忑,他警告说,我们在轻率地断送自己的职业前
程。他建议我们继续写专著和技术性论文,并补充道,如果我们无法抑
制将研究成果公之于众的冲动,那就去为《科学美国人》(*Scientific
American*)撰写一篇文章。

奴隶制争论的余波
可是对于经济学界的一些人来说,关于奴隶制的激烈争论让他们对计量

史学的可信度产生了怀疑(参见 Heckman,1997)。1979 年,当福格尔被提名为沃尔格林讲席教授时,前任讲席教授乔治·施蒂格勒特意致函美国和英国一些著名的经济史学家,询问围绕《苦难的时代》一书的争议是否严重损害了福格尔的学术声誉。这些经济史学家明确回复事实并非如此,而且他们仍然认为福格尔是世界上最杰出的经济史学家。然而,芝加哥大学历史系著名的非裔美国历史学家约翰·霍普·富兰克林(John Hope Franklin)对福格尔与一些计量史学批评者的争论确实还有一些保留意见。富兰克林还指出,福格尔与芝加哥大学历史系接触不多,尽管富兰克林提到他本人与福格尔相处融洽。

福格尔(Fogel,1989:13)对将近 20 年有关奴隶制的工作进行了总结:

> 我与许多其他计量史学家一样,并不是因为对美国奴隶制的历史特别感兴趣才开始这项工作,这在我的学术研究上是一次巧合,让奴隶制经济学成为应用历史计量方法一个重要的试验场。然而一旦涉入这个主题,我就被这些问题的实质内容吸引住了。尽管我主要的专业特长在经济学和人口统计学领域,过去如此,现在亦是,但我发现自己踏上了征途,不得不投身于文化史、政治史和宗教史领域的同僚们所做的研究……

福格尔在《未经同意或未订契约:美国奴隶制的兴衰》一书中以"奴隶制的道德问题"来收尾,他在一系列发表的演讲稿中对这一点也屡次提及(Fogel,2003,重点参阅第 45—48 页;另见 Fogel,1994b)。因此,福格尔承认道德方面的考量超越且塑造了他对经济学发现的阐述,或者他会使用狭义上的"芝加哥"方法——理性的、最大化的行为来表明这一点。这种对道德问题与社会问题的关注超越了对经济的考量,这一点在福格尔 2000 年的定性研究——《第四次大觉醒及平等主义的未来》(*Fourth Great Awakening and the Future of Equality*)中尤为突出。

在不经意间想起约翰·尼夫时,福格尔开始意识到,在美国奴隶制经济学这一相对受限的话题上所做的工作,让他得以研究范围广泛的文化、伦理和政治问题。在福格尔职业生涯的尾声,他受聘在芝加哥大学任职,其中有一个职务就是担任社会思想委员会(由约翰·尼夫创建)的委员。[*]但是,如果说福格尔在奴隶制问题上花费的工夫导致他在经济增长的研究方面绕了弯路,那么研究奴隶制又让他回到了长期经济变迁的研究领域。

人口统计学、人体测量学和技术生理进化

福格尔对奴隶制研究的一个主要方面是人口问题。生育率和死亡率是衡量奴隶生活的物质条件和奴隶家庭模式的关键指标,与此相关的要素集中体现在营养方面。《苦难的时代》出版以后,福格尔发现国际公共卫生专家正使用人体测量学手段[不仅要测量出身高、体重,还要由身高和体重的比例算出体质指数(body mass index,或称 BMI)]来度量欠发达国家人口的营养状况。福格尔和他的合作者们认识到,他们收集到的原始资料形形色色,比如沿海地区奴隶的舱运清单,其中上报了奴隶的身高信息,这些信息可以被用来将南方奴隶与其他人口的身高进行比较,这反过来能提供有关奴隶相对营养状况的证据。

1975—1976 年,福格尔在剑桥大学担任美国制度研究庇特讲席教授,在此期间,他花费了大量时间来阅读人口统计学。当时,人口史学家对 18 世纪、19 世纪北美死亡率的变化趋势不甚明了,不确定它是在上升、下降抑或是持平,福格尔对较为完整的北美死亡率记录产生了兴趣,希望研究死亡率变化的问题。于是他启动一个项目,题目暂定为"1650—1919 年北美死亡率的经济学"。1981 年,福格尔以美国制度沃尔格林讲席教授的身份回到芝加哥大学,他还成立了人口经济学中心并担任该中心主任,由此可以明显看出他要致力于研究人口统计学问题。对死亡率进行研究让福格尔越发明白,人体测量学方法可以对人口的营养状况和健康情况提供更多见解。于是福格尔启动了第二个大项目,他称其为"营养、劳动福利和劳动生产率的长期趋势",旨在收集北美和欧洲数十万人的身高、死亡率和相关指标,建立一个庞大的数据集。后来这方面的文献激增,即利用人体测量学的方法来研究

---

[*]　约翰·尼夫为社会学家罗伯特·帕克的助手,社会思想委员会的创始者之一。社会思想委员会于 1942 年创立,并由哈钦斯校长授权推进,旨在重塑更广泛的社会科学概念,培养能够对理论伦理问题进行抽象思考并处理现存经验范式的人才。——译者注

营养的时空模式,以及营养与生物学意义上的福祉和健康状况的关系。这项研究还有一些有趣的发现:从人口身高中位数的周期变化可以看出营养的周期变动(概况请参见 Craig,2006)。

福格尔在对美国的情况进行研究时,起初主要的资料来源是美国内战联邦军(Civil War Union Army)的养老金记录,其中有这些退伍军人从内战时期到 20 世纪的病历,记载非常详细。

福格尔(Fogel,1999:2)在做美国经济协会会长的致辞时提出了"技术生理进化"的概念,他将其定义为"技术进步和生理改善之间存在协同作用,由此而产生了一种人类进化形式。它与生命过程有关,不是由遗传所得;它能够从文化上进行传播且速度迅捷,但它不一定稳定"。弗劳德等人(Floud et al.,2011:3)提出了以下五个机制,技术生理进化由这些要素构成:

1. 一代人的营养状况——通过他们身体的外形来显示——决定了这一代人能活多久,其成员能做多少工作。

2. 一代人的工作——以工作小时、工作日、工作周和工作强度来衡量——结合当下可用的技术,决定了这一代人能产出多少产品和服务。

3. 一代人的产出——在一定程度上取决于从上几代人那里继承了什么——决定着这代人的生活水平、他们的分配和财富,以及这代人在技术上的投资。

4. 一代人的生活水平——通过他们的生育能力以及他们对收入和财富的分配——决定了下一代人的营养状况。

5. 以此类推,直至无穷。

这意味着从长期趋势来看,在过去的几个世纪里,随着食物供应的改善,人体变得更加高大,每单位英寸的体重也增加了,进而使得有效劳动力的供给大幅增加,因为营养的改善为人口提供了额外的能量,让他们全年平均每天都能从事许多小时的高强度劳动。

《脱离饥饿和过早死亡,1700—2100 年的欧洲、美国和第三世界》(The Escape from Hunger and Premature Death,1700—2100,Europe,America,and the Third World)(Fogel,2004)是阐述这方面影响的一部重要论著。书

54

中指出,加强营养是经济增长、健康改善和死亡率下降首要的推动因素。福格尔与罗德里克·弗劳德、伯纳德·哈里斯(Bernard Harris)、索楚洪(Suk Chul Hong)合著了《变化的身体:健康、营养以及 1700 年以来西方世界的人类发展》(*The Changing Body*:*Health*,*Nutrition*,*and Human Development in the Western World since 1700*)(Fload et al.,2011),这是他此生最后一部重要的著作。该书提供了证据的测量以及对测量结果的整合,讨论了上述五个机制,即技术生理进化的构成要素在英国、欧洲大陆和北美如何相互影响,又怎样发挥作用。有人(Margo,2012:542)评论道,尽管这部著作跨越了多个学科,包含着医生、营养学家、人口学家、统计学家和历史学家的努力,但经济分析起到了"辅助作用",并未过多涉及"行为激励、市场均衡,或者食品加工与分销背后隐含着的制度经济学"。

结　语

福格尔在哈佛大学期间还参与了美国国家经济研究局的重组,并且在其"美国经济的发展"(Development of the American Economy,DAE)项目中发挥了重要作用。美国经济发展的项目以及福格尔在人口统计与营养方面所做的工作,都意味着他关注长期变迁,可以说,在长期变迁这个话题的基础上可以将经济学和经济史整合在一起。就这样,福格尔跟上了导师西蒙·库兹涅茨的脚步。库兹涅茨并不认为自己是一名经济史学家(参见 de Rouvray,2004),福格尔随后的研究更关注人口统计的长期趋势,而不是经济史本身。福格尔称自己的研究领域是生物人口学而不是经济史(Mitch,2005),而生物人口学要研究的是老龄化和健康经济学。尽管如此,他对经济史的影响仍然通过他的学生得以延续。福格尔想要深挖营养、健康和人类身高相互之间存在怎样的关联,这是历史人体测量学(historical anthropometrics)领域得以崛起的重要推动力(Meisel and Vega,2006)。

福格尔在 1978 年与西蒙·库兹涅茨一起接受了采访,他提到:"尽管它(美国国家经济研究局的项目)一开始被称为经济史项目,但我自己的看法是,它是美国经济发展方面的一个项目,其重点在于试图更好地理解影响经济发展的长期趋势——确定这些趋势是否仍在发挥作用,以及这些趋势是什么。"①

55　20 世纪 70 年代末,福格尔在哈佛大学任教期间,继续将自己经济史的课程命名为"美国经济增长中的战略因素"。但他在 1981 年秋季回到芝加哥大学以后开设了一门课程,名为"美国经济增长中的长期因素"。福格尔在授课讲义中提到,他会在 1982 年冬季开设"美国经济发展中的问题"这门课程,受众是那些有意从事经济史研究的人。"美国经济增长中的长期因素"这门课程的目的在于"为关注当前经济政策问题的学生——对 20 世纪 80 年代的政策问题感兴趣的学生——提供实证分析所需的背景介绍,让他们能够充分地对政策问题作出评估"。他接着又详细地阐述道:"我之所以重点指出影响当前政策的长期因素,是为了强调时人认为许多问题是最近出现的,但实际上它们由来已久,处理这些问题时可能不可操之过急。"②

回到芝加哥大学以后,福格尔在工作方式上的一个显著特征就是以团队的形式开展研究。福格尔(Fogel, 1975c)指出,计量史学已经"引领了一种新风尚",其特点是需要有研究团队,以便大规模地收集和分析定量数据。他在一篇文章的结尾处(Fogel, 1975c:670)指出:

> 学者之间进行交流与合作并不新鲜,但现在这方面的实践达到了新的规模。用数字佐证一直是历史分析的一个特点,但早期的研究者缺乏大额拨款,不能为大规模收集数据提供资金,也没有处理这些数据所需的硬件。

1983 年,福格尔在关于传统史学与科学史学的论文中指出:"大规模的合作研究……(是)计量史学工作的标志。"(Fogel and Elton, 1983:61)自 20 世纪 70 年代中期以来,福格尔致力于研究营养、健康和死亡率的决定因素

---

① 1978 年 3 月 13 日,福格尔与库兹涅兹一起接受采访,采访稿收入罗伯特·福格尔的文章,第 84 匣,美国国家经济研究局项目档案夹,引自第 4 页,芝加哥大学图书馆特藏研究中心藏。

② 本课程的教学大纲和课堂讲稿藏于:罗伯特·福格尔的文章,第 59 匣,芝加哥大学图书馆特藏研究中心藏。

和长期趋势，这项工作的一个特色就是使用了超大型数据库，比如联邦军养老金记录，这必然需要大型的研究团队。福格尔的学生理查德·斯特克尔在社会科学史协会发表会长演说时，提到了大数据和使用人口层面的原始资料这一主题（Steckel，2007）。

福格尔雇用了一个庞大的研究团队来对奴隶制问题进行研究，他经常与斯坦利·恩格尔曼一起合作，他们的合作关系从 20 世纪 60 年代就开始了。①

尽管将经济学和量化的方法应用于历史研究让福格尔声名鹊起，但在福格尔整个职业生涯中，他的研究一直都受到这样一种观点的影响，即经济史对于理解经济过程和当下的经济问题而言都是不可或缺的。福格尔相信〔用熊彼特（Schumpeter，1954）的话来说〕，"经济学主题的选取本质上是历史时期的一个独特过程"（Mitch，2005）。他研究铁路，目的在于解决经济增长方面的一个关键问题。他研究奴隶制，动机是希望借由知晓过去来熟悉当时的社会问题。他研究营养和死亡率，重点关注的是处于核心地位的长期变迁（Fogel，2004）。福格尔在美国经济协会发表会长致辞时指出，经济学学科中需要有历史的视角，以此来把握在加速发展的技术变革中所存在的问题（Fogel，1999）。

循着库兹涅茨的传统，福格尔的看法整体上是乐观的。他认为技术变革是人类进步的长期驱动力，人类进步与人体自身相互作用，使得预期寿命和人类福祉得到显著改善。考虑到人类制度本身就有困境，在这一点上（即人们作出改进的可能性上），他与持潜在的悲观主义，或者至少是犬儒主义观点的诺思对比鲜明。然而，福格尔确实对人类精神层面的体验感到担忧，在他 2000 年出版的《第四次大觉醒及平等主义的未来》一书中对此有详细的论述，他在最后一部论著〔关于福格尔等人（Fogel et al.，2013）的遗产〕中又提到了这一点。总而言之，罗伯特·福格尔的职业生涯非同凡响，他的贡献引人注目，这些都表明从事计量史学研究既有影响，也有挑战。

①　关于斯坦利·恩格尔曼怎么看待他们的合作，见恩格尔曼（Engerman，1992）的著作。

参考文献

罗伯特·威廉·福格尔作品选（按出版顺序排列）

Fishlow, A., Fogel, R. (1971) "Quantitative Economic History: An Interim Evaluation: Past Trends and Present Tendencies", *J Econ Hist*, 31(1):15—42.

Floud, R., Fogel, R., Harris, B., Hong, S.C.(2011) *The Changing Body: Health, Nutrition, and Human Development in the Western World since 1700*. Cambridge University Press, Cambridge.

Fogel, R.(1960) *The Union Pacific Railroad: A Case in Premature Enterprise*. Johns Hopkins University Press, Baltimore.

Fogel, R.(1964a) *Railroads and American Economic Growth: Essays in Econometric History*. Johns Hopkins University Press, Baltimore.

Fogel, R.(1964b) "Discussion", *Am Econ Rev*, 54(3):377—389.

Fogel, R.(1965) "The Reunification of Economic History with Economic Theory", *Am Econ Rev*, 55(1/2):92—98.

Fogel, R.(1966) "The New Economic History: Its Findings and Methods", *Econ Hist Rev*, 19(December):642—656.

Fogel, R.(1967) "The Specification Problem in Economic History", *J Econ Hist*, 27(3):283—308.

Fogel, R.(1975a) "The Limits of Quantitative Methods in History", *Am Hist Rev*, 80(2):329—350.

Fogel, R.(1975b) "Three Phases of Cliometric Research on Slavery and Its Aftermath", *Am Econ Rev*, 65(2):37—46.

Fogel, R.(1975c) "From the Marxists to the Mormons", *Times Literary Supplement*, no 3823, June 13, pp.667—670.

Fogel, R.(1979) "Notes on the Social Savings Controversy", *J Econ Hist*, 39(1):1—54.

Fogel, R.(1989) *Without Consent or Contract: The Rise and Fall of American Slavery*. Norton, New York.

Fogel, R.(1994a) "Autobiography", in Fransmyr, T.(ed) *Les Prix Nobel. The Nobel Prizes 1993*. Nobel Prize Foundation, Stockholm.

Fogel, R.(1994b) *The Quest for the Moral Problem of Slavery: An Historiographic Odyssey*, *The 33rd Annual Robert Fortenbaugh Memorial Lecture*. Gettysburg College, Gettysburg.

Fogel, R.(1995) "History with Numbers: The American Experience", in Etemaud, B., Batou, J., David, T.(eds) *Pour Une Histoire Economique et Sociale Internationale: Melanges Offerts a Paul Bairoch*. Editions Passe Present, Geneva.

Fogel, R.(1996) *A Life of Learning. Robert William Fogel, Charles Homer Haskins Lecture for 1996*. American Council of Learned Societies, New York.

Fogel, R.(1999) "Catching up with the Economy", *Am Econ Rev*, 89(1):1—21.

Fogel, R.(2000) *The Fourth Great Awakening and the Future of Egalitarianism*. University of Chicago Press, Chicago.

Fogel, R.(2003) *The Slavery Debates, 1952—1990. A Retrospective*. Louisiana State University Press, Baton Rouge.

Fogel, R.(2004) *The Escape from Hunger and Premature Death, 1700—2100: Europe, America, and the Third World*. Cambridge University Press, Cambridge.

Fogel, R., Douglass, C.(1997) "North and Economic Theory", in Drobak, J., Nye, J.(eds) *The Frontiers of the New Institutional Economics*. Academic, San Diego.

Fogel, R., Elton, G.(1983) *Which Road to the Past? Two Views of History*. Yale University Press, New Haven.

Fogel, R., Engerman, S.(1969) "A Model for the Explanation of Industrial Expansion during the Nineteenth Century: With an Application to the American Iron Industry", *J Polit Econ*, 77(3):306—328.

Fogel, R., Engerman, S.(1971) *The Reinterpretation of American Economic History.* Harper & Row, New York.

Fogel, R., Engerman, S.(1974) *Time on the Cross: The Economics of American Negro Slavery.* Little Brown, Boston.

Fogel, R., Engerman, S.(1977) "Explaining the Relative Efficiency of Slave Agriculture in the Antebellum South", *Am Econ Rev*, 67 (3):275—296.

Fogel, R., Fogel, E., Guglielmo, M., Grotte, N.(2013) *Political Arithmetic. Simon Kuznets and the Empirical Tradition in Economics.* University of Chicago Press, Chicago.

档案与原始资料

Robert, W. Fogel Papers. Special Collections Research Center. The University of Chicago Library.

已出版的文献

Andreano, R.(ed) (1970) *The New Economic History. Recent Papers on Methodology.* Wiley, New York.

Atack, J.(2013) "On the Use of Geographic Information Systems in Economic History: The American Transportation Revolution Revisited", *J Econ Hist*, 73(2):313—338.

Atack, J., Passell, P.(1994) *A New Economic View of American History form Colonial Times to 1940, 2nd edn.* Norton, New York.

Atack, J., Batemen, F., Haines, M., Margo, R.(2010) "Did Railroads Induce or Follow Economic Growth?: Urbanization and Population Growth in the American Midwest, 1850—1860", *Soc Sci Hist*, 34(2):171—197.

Aydelotte, W., Fogel, R., Bogue, A. (eds) (1972) *The Dimensions of Quantitative Research in History.* Princeton University Press, Princeton.

Bogue, A. (1968) "United States: The New Political History", *J Contemp Hist*, 3: 5—27.

Bogue, A. (1990) "Fogel's Journey Through the Slave States", *J Econ Hist*, 50 (3):699—710.

Coatsworth, J.(1979) "Indispensable Railroads in a Backward Economy: The Case of Mexico", *J Econ Hist*, 39(4):939—960.

Cochrane, T. (1969) "Economic History, Old and New", *Am Hist Rev*, 74(5):1561—1572.

Cole, A., Crandall, R.(1964) "The International Scientific Committee on Price History", *J Econ Hist*, 24(3):381—388.

Conrad, A., Meyer, J. (1957) "Economic Theory, Statistical Inference, and Economic History", *J Econ Hist*, 17(4):524—544.

Conrad, A., Meyer, J. (1958) "The Economics of Slavery in the Antebellum South", *J Polit Econ*, 66(2):95—122.

Craig, L.(2016) "Nutrition, the Biological Standard of Living, and Cliometrics", in Diebolt, C., Haupert, M. (eds) *Handbook of Cliometrics.* Springer Reference, Heidelberg.

David, P. (1969) "Transportation Innovation and Economic Growth: Professor Fogel on and off the Rails", *Econ Hist Rev*, 22(3): 506—525.

David, P. et al. (1976) *Reckoning with Slavery: A Critical Study in the Quantitative History of American Negro Slavery.* Oxford University Press, New York.

Davis, L. (1968) "'And It Will Never Be Literature': The New Economic History: A Critique", *Explor Entrep Hist. 2nd series*, 6 (1):75—92. reprinted in Andreano ed. 1970.

Davis, L., Hughes, J., McDougall, D. (1961) *American Economic History. The Development of a National Economy.* Richard D. Irwin, Homewood.

Davis, L. et al.(1972) *American Economic Growth. An Economist's History of the United States.* Harper & Row, New York.

de Rouvray, C. (2004) "'Old' Economic History in the United States: 1939—1954", *J Hist Econ Thought*, 26(2):221—239.

Donaldson, D., Hornbeck, R. (2016) "Railroads and American Economic Growth: A

'Market Access' Approach", *Q J Econ*, 131: 799—858.

Drukker, J.(2006) *The Revolution that Bit Its Own Tail. How Economic History Changed Our Ideas on Economic Growth*. Aksant Academic Publishers, Amsterdam.

Engerman, S.(1992) "Robert William Fogel: An Appreciation by a Coauthor and Colleague", in Goldin, C., Rockoff, H.(eds) *Strategic Factors in Nineteenth Century American Economic History*. University of Chicago Press, Chicago.

Field, E. (1988) "The Relative Efficiency of Slavery Revisited: A Translog Production Function Approach", *Am Econ Rev*, 78(3): 543—549.

Field-Hendry, E.(1995) "Application of a Stochastic Production Frontier to Slave Agriculture: An Extension", *Appl Econ*, 27(4): 363—368.

Fishlow, A. (1965) *American Railroads and the Transformation of the American Antebellum Economy*. Harvard University Press, Cambridge, MA.

Goodrich, C.(1960a) *Government Promotion of American Canals and Railroads, 1800—1890*. Columbia University Press, New York.

Goodrich, C.(1960b) "Economic History: One Field or Two", *J Econ Hist*, 20(4):531—538.

Hacker, L.(1966) "The New Revolution in Economic History. Review Essay of Railroads and Economic Growth: Essays in Econometric History by Robert Fogel", *Explor Entrep Hist*, 3(3):159—175.

Heckman, J.(1997) "The Value of Quantitative Evidence on the Effect of the Past on the Present", *Am Econ Rev*, 87(2):404—408.

Hempel, C.(1942) "The Function of General Laws in History", *J Philos*, 39:35—48.

Herranz-Loncan, A. (2006) "Railroad Impact in Backward Economies: Spain: 1850—1913", *J Econ Hist*, 66(4):853—881.

Machlup, F.(1952) *The Political Economy of Monopoly. Business, Labor and Government Policies*. Johns Hopkins University Press, Baltimore.

Margo, R.(2012) "Review of the Changing Body: Health, Nutrition and Human Development in the Western World since 1700 by Roderick Floud, Robert W. Fogel, Bernard Harris and Sok Chul Hong", *J Econ Lit*, 50(2):541—543.

McClelland, P.(1968) "Railroads, American Growth, and the New Economic History: A Critique", *J Econ Hist*, 28(1):102—123.

McCloskey, D.(1978) "The Achievements of the Cliometric School", *J Econ Hist*, 38(1): 13—28.

McCloskey, D. (1985) *The Rhetoric of Economics, 1st edn*. University of Wisconsin Press, Madison.

McCloskey, D.(1987) *Econometric History*. Macmillan, London.

McCloskey, D., Hersh, G.(1990) *A Bibliography of Historical Economics to 1980*. Cambridge University Press, Cambridge.

Meisel, A., Vega, M. (2006) "Los Origenes de la Antropometrica Historica y su Estado Actual", *Cuadernos Hist Econ Empresarial*, 18(18):2—70.

Meyer, J. (1997) "Notes on Cliometrics' Fortieth", *Am Econ Rev*, 87(2):409—411.

Mitch, D. (2005) "Interview with Robert Fogel Conducted on August 3".

Mitch, D.(2011) "Economic History in Departments of Economics: The Case of the University of Chicago, 1892 to the Present", *Soc Sci Hist*, 35(2):237—271.

Nef, J.(1932) *The Rise of the British Coal Industry*. Routledge, London.

North, D.(1961) *The Economic Growth of the United States, 1790 to 1860*. Prentice Hall, Englewood Cliffs.

North, D. (1966) *Growth and Welfare in the American Past. A New Economic History*. Prentice Hall, Englewood Cliffs.

Redlich, F.(1965) "'New' and Traditional Approaches to Economic History and Their Interdependence", *J Econ Hist*, 25（4）：480—495.

Redlich, F.（1968）"Potentialities and Pitfalls in Economic History", *Explor Entrep Hist*. *2nd series*, 6（1）：93—108. Reprinted in Andreano ed. 1970.

Royal Swedish Academy of Sciences. Press Release："The Sveriges Riksbank Prize in Economic Sciences in Memory of Alfred Nobel for 1993", www.Nobelprize.org/.

Schaefer, D., Schmitz, M.（1979）"The Relative Efficiency of Slave Agriculture: A Comment", *Am Econ Rev*, 69（1）：208—212.

Schumpeter, J.（1954）*History of Economic Analysis*. Oxford University Press, New York.

Steckel, R.（1986）"A Peculiar Population: The Nutrition, Health, and Mortality of American Slaves from Childhood to Maturity", *J Econ Hist*, 46（3）：721—741.

Steckel, R.（2007）"Big Social Science History", *Soc Sci Hist*, 31（1）：1—34.

Summerhill, W.（2003）*Order Against Progress: Government, Foreign Investment, and Railroads in Brazil, 1854—1913*. Stanford University Press, Stanford.

Summerhill, W.（2005）"Big Social Savings in a Small Laggard Economy: Railroad-Led Growth in Brazil", *J Econ Hist*, 65（1）：72—102.

Sutch, R.（1982）"Douglass North and the New Economic History", in Ransom, R., Sutch, R., Walton, G.（eds）*Explorations in the New Economic History. Essays in Honor of Douglass C. North*. Academic, New York.

Swierenga, R.（ed）（1970）*Quantification in American History: Theory and Research*. Atheneum, New York.

Toman, J.（2005）"The Gang System and Comparative Advantage", *Explor Econ Hist*, 42（2）：310—323.

Williamson, S.（1991）"The History of Cliometrics", in Mokyr, J.（ed）*The Vital One: Essays in Honor of Jonathan R. T. Hughes. Research in Economic History: A Research Annual Supplement, vol 6*. pp.15—31. JAI Press, Greenwood, CT.

Wright, G.（1979）"The Efficiency of Slavery: Another Interpretation", *Am Econ Rev*, 69（1）：219—226.

Wright, G.（2006）*Slavery and American Economic Development*. Louisiana State University Press, Baton Rouge.

第三章

道格拉斯·诺思与计量史学

萨姆纳·拉克鲁瓦

摘要

道格拉斯·诺思(1920—2015)是计量史学和新制度经济学的奠基人。他在华盛顿大学(1950—1981)和圣路易斯华盛顿大学(1983—2015)讲授经济学和经济史,历时60余载。20世纪50年代和60年代,诺思用新古典经济学模型和量化技术来分析美国经济史的重大问题,并在区域间贸易、海运的效率、美国的国际收支和美国增长的源泉这类问题上取得了重大进展。诺思从20世纪60年代末开始关注欧洲经济史,他逐渐明白经济史学家需要拓展研究方法,来对长期的经济变迁进行分析,以明确说明经济是如何嵌入政治、经济和文化制度之内的。诺思在使用新方法之后出版了两部重要的著作——《经济史中的结构与变迁》和《制度、制度变迁与经济绩效》,之后他与罗伯特·福格尔一起获得了1993年的诺贝尔经济学奖。在接下来的22年里,诺思的分析框架不断扩大。诺思在2005年出版了《理解经济变迁过程》,他在书中指出,经济学家需要借鉴人类认知的科学知识和社会心理学,来理解制度形成的原因和变化的方式。诺思最后一部著作是《暴力与社会秩序》(与约翰·瓦利斯和巴里·温格斯特合著),他在书中提出,大多数社会为控制人们使用暴力才产生了制度,并且制度很少能支撑起开放的政治秩序。

关键词

诺思 计量史学 制度 制度变迁 权力开放秩序 权力限制秩序

引　言

　　道格拉斯·塞西尔·诺思于 1920 年 11 月 5 日出生在美国马萨诸塞州剑桥市。他的童年时光在加拿大、英国、法国、瑞士和美国的康涅狄格州度过。他毕业于康涅狄格州沃灵福德（Wallingford）声名卓著的私立学校乔特中学（Choate）。他的父亲在保险行业工作，后来成了大都会人寿保险公司在西海岸的主管。诺思毕业于加利福尼亚大学伯克利分校，获得文学学士学位，并在那里成了一名马克思主义者。第二次世界大战期间，他出于良知拒服兵役，在商船队当了几年领航员。战争结束后，他回到伯克利学习经济学，并与芝加哥大学知名教授法兰克·奈特（Frank Knight）的弟弟梅尔文·摩西·奈特（Melvin Moses Knight）教授共事。1952 年，他完成了自己的博士论文，研究的是美国人寿保险的历史。诺思在 1950 年加入华盛顿大学经济学系，担任临时助理教授，在 1983 年之前一直在该系任教。1983 年，诺思搬到了密苏里州的圣路易斯（St. Louis），成为圣路易斯华盛顿大学经济系亨利·卢斯法律与自由讲席教授（Henry R. Luce Professor of Law and Liberty）。1993 年，诺思和罗伯特·福格尔被授予瑞典中央银行纪念阿尔弗雷德·诺贝尔经济学奖。他是"国际新制度经济学学会"〔International Society for the New Institutional Economics，现为"制度与组织经济学学会"（Society for Institutional & Organizational Economics）〕的创始人 *，并在 1998 年成为学会的第二任会长。诺思是胡佛研究所（Hoover Institution）的一名高级研究员，他经常访问该所。许多个夏天，诺思都是在密歇根州的本佐尼亚（Benzonia）度过的。2014 年，他和妻子伊丽莎白·凯斯（Elizabeth Case）搬到那里常住。2015 年 11 月 23 日，诺思与世长辞。

　　瑞典皇家科学院将 1993 年的诺贝尔经济学奖授予罗伯特·福格尔和诺思，"以表彰他们通过应用经济理论和量化方法重新开展经济史的研究，以

---

*　诺思与 1991 年诺贝尔经济学奖获得者罗纳德·科斯（Ronald Coase）一起，在 1997 年共同创立了国际新制度经济学学会。——译者注

解释经济和制度变迁",这恰如其分地概括了道格拉斯·诺思漫长而富有创
造性的职业生涯,随后瑞典皇家科学院抓住了诺思的神韵和他作为经济史
学家的真髓,称赞他"能启发灵感、想法很多,能发现新问题,并且展示出经
济学家如何能更有效地解决旧问题"(Royal Swedish Academy of Sciences,
1993)。

　　诺思在经济史领域的影响主要来自他对制度变迁的开创性研究,也来自
他在华盛顿大学和圣路易斯华盛顿大学指导、教授和启发的大量经济史学
家。华盛顿大学有三名本科生由诺思指导或深受诺思影响,并在后来成了
著名的经济史学家——兰斯·戴维斯、乔纳森·休斯和理查德·萨奇。诺思
还培养了许多博士,其中有特里·安德森(Terry Anderson)、李·奥尔斯顿
(Lee Alston)、本·巴克(Ben Baack)、理查德·比恩(Richard Bean)、戈登·比
约克(Gordon Bjork)、菲利普·科埃略(Philip Coelho)、罗杰斯·泰勒·登嫩
(Rodgers Taylor Dennen)、普赖斯·费什巴克(Price Fishback)、杰拉德·冈德
森(Gerald Gunderson)、萨姆纳·拉克罗瓦(Sumner La Croix)、罗伯特·麦奎
尔(Robert McGuire)、劳埃德·默瑟(Lloyd Mercer)、拉蒙·迈尔斯(Ramon
Myers)、罗杰·兰塞姆(Roger Ransom)、克莱德·里德(Clyde Reed)、加斯
顿·里姆林格(Gaston Rimlinger)、詹姆斯·谢泼德(James Shepherd)、约
翰·托马斯克(John Tomaske)、理查德·特雷休伊(Richard Tretheway)、欧
文·昂格尔(Irwin Unger)、约翰·约瑟夫·瓦利斯、加里·沃尔顿(Gary
Walton)和罗伯特·威利斯(Robert Willis)。诺思在圣路易斯华盛顿大学也
培养了许多博士,其中包括略雷纳·阿尔卡扎(Lorena Alcazar)、埃利安娜·
巴拉(Eliana Balla)、玛丽·安·博泽(Mary Ann Boose)、阿特·卡登(Art
Carden)、雨果·埃扎吉尔(Hugo Eyzaguirre)、塔妮·亨特·费拉里尼(Tawni
Hunt Ferrarini)、丹尼尔·C.吉德曼(Daniel C. Giedeman)、彼得·Z.格罗斯曼
(Peter Z. Grossman)、布拉德利·汉森(Bradley Hansen)、迈克尔·豪珀特
(Michael Haupert)、肖恩·汉弗莱(Shawn Humphrey)、曼苏尔·哈吉·易卜
拉欣(Mansor Haji Ibrahim)、亚科沃斯·约安努(Iacovos Ioannou)、希尔皮·
卡普尔(Shilpi Kapur)、菲利普·基弗(Philip Keefer)、贾尼斯·莱伊·金霍恩
(Janice Rye Kinghorn)、珍妮娜·凯尼格(JeanineKoenig)、费利克斯·关
(Felix Kwan)、诺埃尔·约翰逊(Noel Johnson)、刘瑞华(Ruey-Hua Liu)、杰里

米·梅内斯(Jeremy Meiners)、迈克尔·芒格(Michael Munger)、兰德尔·尼尔森(Randall Nielsen)、迈克尔·J.奥兰多(Michael J. Orlando)、布赖恩·罗伯茨(Brian Roberts)、安德鲁·吕滕(Andrew Rutten)、沃纳·特勒斯肯(Werner Troesken)、马克·戴维·沃恩(Mark David Vaughan)和蒂莫西·耶格尔(Timothy Yeager)。

乔纳森·休斯(Hughes,1982:11)赞颂了诺思的研究生教学工作,他不无揶揄地说,"诺思在讲台上散发出来的魅力确实不大",但随后又说诺思的研究生研讨课是一个"令人兴奋的地方"。休斯认为,诺思作为一名教师非常称职,这是由于他不断追求新思想,还给学生灌输了一种力求独创的态度。休斯(Hughes,1982:10)指出,诺思总是对他的每个研究生说"这样的话":

> 如果你是一个具有独创性的人,那么写作和发表就是你在这个职业上应该做的事。做好你的工作,不要回头看。不要听从别人的批评,直到你把事情做完。每个人都能提出批评,但很少有人能提出新想法。我们必须有新想法,如果没有新的想法,这个领域就会消亡。

尽管诺思批判的态度对他的学生来说经常是一种考验,但休斯(Hughes,1982:11)指出:"他也能让学生感觉到快乐,感受到生活的意义……你是他的学生,所以你理应在世界上有一定的价值。"

作为一名教师和一位学者,诺思的职业生涯取得了巨大的成就,但他也在孜孜不倦地寻找更好的分析框架,来分析经济和制度的长期变迁,他的这一点同样很突出。20世纪50年代末,他也是开启理论和量化革命(即所谓"计量史学"革命)的一小撮经济史学家中的一员,这场运动将新古典经济学和计量经济学的分析工具引入经济史中。从20世纪50年代中期到70年代初,诺思利用新古典经济学的分析工具撰写了两部关于美国经济史的著作[《1790—1860年的美国经济增长》(*The Economic Growth of the United States*, *1790—1860*)和《制度变迁与美国经济增长》],他还撰写了一部关于欧洲经济史的著作[《西方世界的兴起:新经济史》(*The Rise of the Western World*: *A New Economic History*)]。最能体现他才华的地方,也许是他愿 64

意宣布新古典经济学不足以理解历史经济带来的问题,古典经济学的分析工具需要从新兴的领域——交易成本经济学中汲取洞见。诺思在他1981年的权威论著《经济史中的结构与变迁》(*Structure and Change in Economic History*)中又向经济史学家们提出,要引入明确的国家理论和意识形态理论,来进一步拓宽他们的分析框架。他在1991年出版了《制度、制度变迁与经济绩效》,书中进一步对具体的理论概念进行了更清晰的阐释,并且重新利用它对美国和欧洲的历史进行了分析。尽管诺思成功地运用了自己所拓展的分析框架,但他在20世纪90年代开始意识到,如果经济史学家和其他社会科学家没有明确考虑个人如何形成自己对物质和人类世界的看法,那么他们就不可能理解经济、政治和社会的变迁过程。在2005年出版的《理解经济变迁过程》(*Understanding the Process of Economic Change*)一书中,诺思敦促研究制度的社会科学家在他们的模型中引入来自进化生物学和认知科学的见解。诺思的最后一部著作(与约翰·瓦利斯和巴里·温格斯特合著)是《暴力与社会秩序》(*Violence and Social Orders*),这部著作的独特之处在于它没有重申要拓展分析框架,但依然在考量暴力与国家形成的基本关系方面非常有原创性。

诺思早期的职业:新古典主义
经济学家和计量史学家

诺思早期在华盛顿大学的职业生涯以他的创新研究为标志。他针对美国的经济增长提出了大胆的理论见解,并且收集了对理解美国经济增长至关重要的数据资料。看看1955—1960年诺思在一流的经济学和经济史期刊上发表的四篇文章。他在1955年发表了《区位理论与区域经济增长》(Location Theory and Regional Economic Growth),首次对美国南部、东北部和中西部地区增长、教育和不平等的不同模式作出了解释(下文会进一步进行讨论)。这篇文章在20世纪50年代被经济学家和经济史学家广泛阅读和引用(45次),截至2017年引用次数达到了1 550次。他在1959年发表的文章《农业与区域经济增长》(Agriculture and Regional Economic Growth)里使用了《区位理论与区域经济增长》一义中提出的框架,对 J.肯尼思·加尔布雷思(J. Kenneth Galbraith, 1951)、西奥多·舒尔茨(Theodore Schultz, 1953)和沃尔特·罗斯托(Walter Rostow, 1956)所提出的观点进行了批判。用诺思的话来说,所有人都认为"增长与工业化有关,而停滞与农业有关"。诺思(North, 1959: 950—951)驳斥道:

> 这就忽略了整个经济变迁问题,而且反映出对过去两个世纪的经济史的基本误解。参与更大的市场经济尽管明显存在风险,但这一直是区域经济扩张的典型方式。它带来了专业化、外部经济和居民产业的发展,并且由于市场扩大导致纵向的"非一体化"(dis-integration)提升……
>
> ……区域经济发展的相关问题,围绕本文主体部分所提出的问题展开。它们不是农业与工业化的问题,而是关乎一个区域有多大能力通过出口融入世界更大市场中去的问题,以及由此产生了什么样的区域经济结构。这种结构将影响该区域实现可持续增长和发展多样化经济活动模式的能力。

诺思(North, 1959:951)随后大胆地指出,以必然实现工业化为前提条件的区域发展理论无法解释"19 世纪中西部(1815—1860 年)、太平洋西北地区(1880—1920 年),甚至加利福尼亚(1848—1900 年)的经济史"。

诺思于 1958 年发表了一篇关于 1790—1913 年海运运费的文章,从这篇文章能够简单看出他于 1968 年在同一个主题上发表的另外一篇文章的梗概。他简要介绍了小麦和木料海运运费方面的新数据,这些数据显示,1790—1913 年海运运费长期呈现下降的趋势,偶尔因战争和运力瓶颈会有上涨。这篇文章的主要贡献在于,它推测货运成本长期下降不仅是因为造船技术发生了变化,而且受惠于伴随特定出口市场扩张而来的外部经济、欧洲迁往美洲的移民增加所带来的产能利用提高,以及全球贸易的整体扩张。

诺思于 1960 年发表的文章《1790—1860 年美国的国际收支差额》(The United States Balance of Payments 1790—1860)对美国历史国民账户的构建作出了重要贡献。此前,有人估计出了 12—30 年国际收支差额的合计数,

65

而诺思(North，1960：573)能够构建起 1820 年以来的国际收支差额年度序列，以及 1790—1819 年的 5 年移动平均数。诺思(North，1960：573)将自己的"方法和程序"与马修·西蒙(Matthew Simon)的结合了起来，后者当时也在开展类似的项目，旨在建立 1860—1900 年美国国际收支差额数据序列。1960 年，两项研究均获出版，"提供了整整 110 年一致且连续的数据序列"(North，1960：573；Simon，1960)。诺思对商品贸易差额做了可靠的估计，他以此为基础来构建自己的数据序列。在计算贸易差额时，无形收支项目主要是航运收入。1815 年以后，航运收入的增长速度不大，与美国贸易的扩张速度比起来相形见绌，主要原因是海运运费下降了。计算国际收支差额数据序列也能让我们计算出美国外债总额的数据序列，可以用它来估计项目的稳健性——美国外债的数额与仔细估计特定年份外债后的数值相当吻合(North，1960：183—184)。

诺思的第一部著作是《1790—1860 年的美国经济增长》，书中汇集了他在早期的文章中提出来的几个主题。他(North，1961：vii)在序言中对市场在美国经济增长中的作用予以强调，对制度的作用予以贬低："制度和政治政策当然具有影响力……但它们只是改变了，而不是取代了市场经济在背后所具有的力量。"对现代读者来说，这本书充斥着大量的表格和图表，但它们的作用，是为诺思的新观点——美国内战前区域经济增长的模式——提供基本的实证基础。书中对两个重要的论点论述得比较详细。一个论点是，区域经济增长的必要(但不是充分)条件是出口部门经历强劲的增长。虽然单个出口部门就能推动区域增长，但是在多个出口部门实现区域多样化为实现区域长期增长提供了途径。诺思用这个观点来解释为什么南方依赖单一作物(棉花)的出口导致南部增长停滞，相对而言，东北部和中西部有多个出口部门，并且经历了强劲的增长。诺思关于出口对区域经济增长贡献的看法，在很大程度上借鉴了理查德·鲍德温(Richard Baldwin，1956)关于同一主题的一篇很有见地的文章。值得注意的是，这篇文章也引发了发展经济学家和贸易经济学家在同一问题上长达数十年的辩论。

诺思的第二个，也是更重要的一个论点是，北部、中西部和南部农业使用了不同类型的组织，为这些地区不同模式的贸易流动、教育水平、收入不平等和创新奠定了基础。克劳迪娅·戈尔丁(Goldin，1995：199)恰如其分地对这一论点进行了总结：

> 道格拉斯·诺思认为，南方经济停滞的根源在于美国内战前贸易的地理格局。南方使用奴隶劳动，种植棉花并将其出口到美国北部和英国；凭借出口北方的船运货物收入，从中西部购买食物，从北方购买工业品，凭借出口欧洲的船运货物收入，来购买奢侈品和其他工业品。很少有利润被再投资到南方，来进行内部的改进。奴隶们被剥夺了上学的权利，南方人普遍得不到良好的教育。城市创造了聚集经济，但在南方很少见。因此，南方的创新受到了抑制。
>
> 北方的情况与此截然不同。北方的收入和财富更加平等，北方人购买当地商人和当地厂商生产的商品。它的资金又被投入当地工业中，并且对内部进行了改善。北方人是世界上受教育程度最高的人口。北方建立起了服务于平等主义社会的制度，它使一个增长着的工业化地区有了进一步的发展。南方已有的规范使基于阶级和种族的社会更加稳固，使得服务于奴隶主阶级的经济难以成长。这样的制度存在的时间很长。

一些学者就诺思对区域贸易叙述的细节提出了质疑，例如他们指出，大多数南方农场的粮食能自给自足，南方从中西部购买的食物可能比诺思所描述的要少（Goldin，1995：199）。诺思讲述的整个故事仍旧引起了经济史学家的共鸣，它直接明了地分析了大型种植园和小型家庭农场不同的状况和迥异的制度，为斯坦利·恩格尔曼和肯尼思·索科洛夫（Kenneth Sokoloff，2000）后来进行详细的阐述以及将其推向全球舞台奠定了基础。

1960年在普渡大学召开的会议上，道格拉斯·诺思是那些使用计量史学方法的经济史学家中的一员。每年一度的计量史学会议很快成了年轻新秀和资深学者交流、讨论思想和方法的论坛。1960年，诺思和威廉·帕克一起成为《经济史杂志》的编辑，随后，《经济史杂志》开始在每一期上都登载一篇计量史学论文（Diebolt and Haupert，2017）。在20世纪60年代初，计量史学论文的数量增加了，诺思于1963年在《美国经济评论》（*American Economic Review*）上撰文，对这一趋势大加宣扬，向更广泛的经济学同行们

67

传扬了这场新运动。* 在诺思的整个职业生涯中，他一直是计量史学的倡导者，他还鼓励那些使用计量史学方法的人，要继续扩大他们所研究问题的范围，并将其他学科的知识纳入其中（Libecap et al.，2008）。

诺思在 1966 年出版了一本论文集，名为"美国过去的增长与福利：新经济史"（*Growth and Welfare in the American Past：A New Economic History*），他认为能够通过这本书展示新经济史。理查德·萨奇（Sutch，1982：24—25）指出，这些文章旨在向经济史的教师和学生介绍新经济史。他发现："在每一篇文章中，诺思所使用的都是简单的经济理论和以表格形式呈现的量化数据，他以此来对当时普遍认可的观点发起挑战……诺思在一个又一个话题上展示出如何使用最基本的经济学理论，来对过去颇负盛名的解释提出质疑。"也许这本书的主要贡献在于，它促使经济史学家们进一步思考在这些方面提出的假说：《航海法案》（Navigation Acts）带来的重负、1840—1860 年南方收入的增长、针对铁路的公共土地政策，以及农民的不满情绪等。萨奇（Such，1982：27）简明扼要地指出，"《美国过去的增长与福利：新经济史》的出版无异于使若干狡兔出笼，东奔西走"，并且"一群新近'皈依'的新经济史学家正热情地追逐着它们"。

1968 年，诺思在颇具影响力的《政治经济学杂志》（*Journal of Political Economy*）上发表了一篇文章，题为"1600—1850 年海运效率变化的缘由"（Sources of Productivity Change in Ocean Shipping 1600—1850），随着这篇文章的出版，经济学家诺思的分析框架首次清晰地从对历史市场的关注扩展到对历史制度和市场的关注。迪尔德丽·麦克洛斯基（McCloskey，2010）称赞这篇文章是诺思"最佳的科学成果"，指出它密切关注降低交易成本如何使海洋运输业的效率有了提升。这篇文章使用了最先进的方法来估算海运效率的变化，并且揭示了这一时期海运效率大幅提升。大部分效率的提升

---

* 参见 North, Douglass C.（1963）"Quantitative Research in American Economic History"，*American Economic Review*，53（1）：pp.128—130。文章提出："经济史一直是，并将继续是历史学家和经济学家共同努力、为我们了解过去的经济作出贡献的一个领域。……经济学家可以预期，经济史学家的定量研究和分析将为他提供更好的数据来检验假设，并积累对过去经济变化过程的分析洞察力，这是形成关于长期经济发展的合理理论命题的必要先决条件。"——译者注

并不是由于航运和造船技术发生了改变,而是由于"海盗劫掠的减少和经济组织方式的改进",这一点颇值得注意。使用大型船舶让载荷因子增加了,船舶在港停留的时间缩短了,平均每个吨位配备的武器和人手减少了。诺思认为,武器和人手减少的原因是这一时期海盗劫掠大幅减少。克尼克·哈利(Knick Harley, 1988:868—869)也对海运运费进行了研究,他对诺思的发现持怀疑态度。哈利发现,1850 年前船运运费下降主要是由于"'年资尚浅'的美国经济"在融入"更广阔的欧洲经济",还有就是航运棉花的效率提高了,而 1850 年以后船运运费下降的主要原因是"机械和冶金技术"发生了变化,使得建造和运营船舶的成本降低了。

诺思在远洋运输方面研究的最终落脚点是,制度环境的改善是如何降低被海盗劫掠的风险的,而这又反过来让海运行业改变了自身的组织结构,提高了运营效率。在这项研究中,诺思的成果中反复出现的一个主题初现端倪,那就是制度变迁使市场中运行的组织发生了结构和类型上的变化,而且这些组织往往有动机推动制度变迁,以进一步实现自己的目标。从 20 世纪 60 年代中期到 70 年代初,诺思研究的议题集中在市场价格变化如何使在市场中运行的组织内部发生有效的变革,并引发有效的制度变迁。对诺思来说,这个研究阶段相对短暂,但事实证明,循着这一议题产出的论著长盛不衰,影响力极大,也极具争议性。

从计量史学到新古典制度变迁理论

从 20 世纪 60 年代中期到 70 年代中期,诺思将研究重点重新放在了制度的作用上,探究了制度如何阻碍或促进经济的增长。诺思与同为计量史学家的兰斯·戴维斯合作,一起探究如何利用新古典经济学的工具来理解美国经济中的长期制度变迁。最终,他们在 1971 年出版了一部名为"制度变迁与美国经济增长"的著作,书中展示了相对价格的变化如何有效地改变了美国的制度框架。20 世纪 60 年代末,诺思的研究兴趣又转向了欧洲经济史。1973 年,诺思和他华盛顿大学的同事罗伯特·保罗·托马斯(Robert Paul Thomas)共同出版了一部著作,全书共 158 页,名为"西方世界的兴起:

新经济史"。通读全书,欧洲 800 年的历史一览无遗。

《制度变迁与美国经济增长》以诺思与兰斯·戴维斯早期合著的文章(Davis and North,1970)——《制度变迁和美国经济增长:制度变迁理论初探》(Institutional Change and American Economic Growth:A First Step Towards a Theory of Institutional Change)为蓝本。这一系列研究的核心是他们的有效制度变迁理论。当一个"行动小组"——可以是一个组织,也可以是许多组织,甚至可以是个人——认为改变某一项制度不仅会为自己和他人带来收益,而且总收益会高于其他组织和个人所承担的成本,就会触发有效的制度变迁。行动小组是否会倡导和组织实施制度变革,取决于现有安排和法律的烦琐程度、社会当下的技术,以及拟议变革的新奇程度。一个有效的行动小组需要作出安排,以某种形式补偿失利群体所受的损失。补偿使人们对拟议变革的反对减少,使有效制度变迁成功的可能性增加。随着时间的推移,变革迎来高潮,其结果是持续的经济增长。

在《制度变迁与美国经济增长》一书中,戴维斯和诺思将他们的理论应用到了美国经济史的中心议题上。书中涉及的主题有:土地政策和农业、金融市场的组织与重组、运输的发展与经济增长、规模经济和制造业不成功的卡特尔化、服务行业里的制度变迁、劳动力的组织和教育,以及经济活动公私成分的不断变化。在估量自己应用制度变迁理论的情况时,戴维斯和诺思非常谦逊,他们在前言中指出"有时解释过于简单",同时宣称这本书"是朝着有用的经济增长理论迈出的第一步"。理查德·萨奇(Sutch,1982:34—35)指出,戴维斯和诺思自己也意识到,他们的理论无法解释书中分析的许多制度变迁所出现的时机(Davis and North,1971:263)。艾伦·博格(Bogue,1972:962)为这部著作撰写了述评,他在文中也提请读者留意作者对自己理论"不足之处"的看法:

> 在他们看来,"不足之处"包括:模型的静态特性;追溯部门间关系的问题;事实上,利润最大化对制度变迁的解释力可能不如对经济过程其他方面的解释力强;我们对信息的流动知之甚少;事实上再分配的潜力可能会促成不同类型的安排(与理论最初提议的安排不同);政治进程的各个方面与模型并不完全相符。

　　姑且不论书中的不足,诺思对该理论的解释力有足够的信心,因此他在1973年与罗伯特·托马斯合著的《西方世界的兴起:新经济史》一书中再次展现了这一理论。诺思和托马斯在该书的序言中宣称"本书试图成为一本革命性的著作",因为他们"发展了一种复杂的分析框架,用它来考察和解释西方世界的兴起;这个框架与标准的新古典派经济理论保持一致并互为补充"(North and Thomas,1973:vii)。他们对长达8个世纪的经济和制度变迁分析的侧重点是,人口变化如何使土地和劳动力相对价格发生改变,进而引发制度变迁。

　　该书选择从10世纪"踏进历史","其时西欧许多社会已形成封建主义和庄园制度"(North and Thomas,1973:9)。现在,笔者就他们关于8个世纪的复杂历史的梗概做一简要介绍。诺思和托马斯认为,随着加洛林王朝秩序的瓦解,庄园制度兴起了,它的出现是为了应对最基本的社会问题——控制暴力。在他们的模型里,领主通过城堡为佃户提供保护,并提供公共用地上的土地供其耕作,以此来换取佃户的效忠,在早先的一篇文章中对此有更详细的阐述(North and Thomas,1971)。在接下来的3个世纪里,安全状况有了改善,人口缓慢增加,村落之间边界地带的新拓居地在扩张。在南欧和北欧的部分地区,城市在发展,贸易在增加,新的贸易网络随之浮现,为贸易提供支撑的制度结构也出现了。随着欧洲人口的增长,领主的谈判实力提高了。工资下降,租金上涨,要素价格的变化引发了制度变革,这于领主而言是有利的。14世纪饥荒、疫病频发,于黑死病的暴发达到顶峰,英国乃至整个欧洲大陆人口锐减。人口急剧下降导致工资上涨,土地租金减少。领主之间争夺佃户,这种竞争导致庄园制度逐渐发生变化,最终使西欧的农奴制走向末路。人口下降也使贸易减少了,城市采用了"更具有'防御'性质"的制度安排。"到15世纪后半期人口重新开始增长时,封建社会的基本结构已经瓦解。"15世纪末,船舶和航海技术有了改进,促使人们发现了新世界。新世界的财富大量涌入,使东西欧之间新兴的贸易畅行无阻,西欧拥有"技工和制造业中心",而东欧的土地"相对于人口而言仍是充足的"。在接下来的两个世纪里,军事技术发生了变化,使得"最有效的军事单位的最优规模"增大了。对于较大的政治单位来说,它们需要增加税收,这通常意味着它们鼓励贸易,因为统治者可以对此征税。诺思和托马斯得出的结论是,

70

新兴的民族国家为了获得税收而走上了不同的道路。在法国和西班牙,君主们成功地发展出一套税收制度,这套制度有效地增加了税收,也抑制了经济的增长。相比之下,荷兰由"商人寡头"掌握大权,英格兰的光荣革命则确立了"议会高于王权"。这两个国家都出现了一套产权体系,"促进了从土地的绝对所有权、自由劳动力、保护私有财产、专利法……直到一套旨在减少产品和资本市场中市场缺陷的制度安排"(North and Thomas,1973:17—18)。

《西方世界的兴起:新经济史》一书中的叙述受到了多方的批判。斯特凡诺·费诺阿尔泰亚(Stefano Fenoaltea,1975)对诺思和托马斯的英国中世纪庄园模型提出了尖锐的批评,而诺思和托马斯对10—13世纪的大部分分析以该模型为基础。费诺阿尔泰亚特别关注了诺思和托马斯的论点,即"西欧的农奴制本质上是一种契约安排,在这种安排下,劳动服务被用来换取公共产品——保护和公正"(North and Thomas,1971:778)。费诺阿尔泰亚(Fenoaltea,1975:387)认为他们"独创的解释""从经验上讲令人无法接受",并且指出他们的论点"与各种事实相矛盾,从庄园的组织模式到中世纪战争方面的技术都是如此"。此外,"认为庄园对劳动服务'典型'的安排是将交易成本降至最低的论点似乎也是错误的,因为诺思和托马斯列出可行的替代方案似乎是错误的(实际上包括间接的实物贸易与在市场上交易),并且他们所考量的替代方案的排序也不正确(因为即使是实物地租似乎也要优于劳动所得)"(Fenoaltea,1975:408)。

赫尔曼·范德威(Herman van der Wee,1975)在对《西方世界的兴起:新经济史》的述评中,称赞这本书让人"受益匪浅",同时也批评他们的制度变迁模型过于简化:"在我看来,将制度的框架简化为土地和人的产权问题,在法律的层面来看似乎过于狭隘,应该根据社会、经济、地理和文化方面的观点对其加以调和。"(van der Wee,1975:238)马克思主义模型中突出强调技术变革在激发制度变迁中的作用,诺思和托马斯对此进行了批判,这一点得到了范德威的称赞。然后范德威也对他们提出了同样的批评,因为他们在引发制度变迁的因素中过分强调人口的变化。如果不明确讨论这些因素之间相互依存的关系,那么"这两种解释都……失之偏颇"(van der Wee,1975:238)。

71 亚历山大·菲尔德(Alexander Field,1981)批评诺思和托马斯在研究方案中使用新古典经济学原理来解释内生的制度变化。菲尔德指出,新古典主义理论建立在这样一个核心假设之上：一般均衡模型中的某些要素——例如"禀赋、技术、偏好和规章"是外生的（Field，1981：184）。他指出，在《西方世界的兴起：新经济史》一书中，诺思和托马斯将所有通常是外生的要素视为内生变量，认为在他们的模型中要对其加以解释。菲尔德接着又说，在一个制度变迁的模型中"需要将制度结构或规章的某些子集作为参数来处理"，否则，该模型会无法确定它试图解释的所有现象。

尽管《西方世界的兴起：新经济史》饱受批评，但它还是取得了巨大的成功：它将许多经济史学家的注意力重新集中在了制度的作用上——从长期的历史视角来看，制度在引发持续的经济增长方面起到了什么作用。编辑这两部关于欧洲和美国经济的著作遇到过困难，再加上它们又受到人们的批判，这些问题迫使诺思认识到，用新古典主义经济学来解释制度变迁是不够的，他也明确承认制度变迁并不总是无往不利。诺思 1978 年在《经济学文献杂志》(*Journal of Economic Literature*)上发表了一篇文章，名为"结构与绩效：经济史的任务"(Structure and Performance：The Task of Economic History)。这篇文章影响很大，原因是它对诺思在 1971 年和 1973 年的著作中所使用的观点——新古典经济学的标准工具足以解释制度为何会兴起，以及制度如何随时间推移而发生改变——不予考虑。诺思(North，1978：963)批评经济史学家未能提供一个历史框架以使经济学家正确看待当代的问题。他告诫说："经济学家未能认识到假定的约束条件是暂时的，未能理解这些变化着的约束来自何方、去往何处，这是经济理论进一步发展根本的障碍。"诺思(North，1978：974)随后呼吁经济学家们"突破经济学传统的界限，去探索政治行为、科学知识的增长与应用，以及人口的变化"。诺思在文章中吁请经济史学家们在分析历史制度的经济学框架中加入交易成本，这一点透露出他未来的研究方向(North，1978：974—975)。

诺思随后在他的研究中加入了交易成本方面的考量，部分原因是他在寻求一套拓展了的经济学工具，用以分析历史材料；部分原因在于华盛顿大学经济系的学术氛围，它让人们能热烈地就交易成本在理解市场、公司和政府如何组织方面的作用展开讨论。诺思的两位同事——约拉姆·巴泽尔(Yoram Barzel)和张五常(Steven N.S. Cheung)都曾在芝加哥大学有过停留，并且都受到罗纳德·科斯的影响，科斯用交易成本来解释现实中市场和公司是如何组织起来的。20 世纪 70 年代，随着他们趣味盎然的工作逐渐展开，诺思发现将交易成本纳入他的制度分析中能够提供一种手段，借此可以了解为什么经济制度的变迁并非一直都是迅速、有效的。从 20 世纪 70 年代后期开始，诺思明确地在自己的研究中引入了交易成本经济学。

72

1982 年，诺思和他以前的博士生约翰·瓦利斯共同发表了一篇颇具影响力的短文，批判了"粗糙的国家掠夺论，这一理论认为政府只不过是一个巨大的转移机制，用来重新分配财富和收入"（North and Wallis，1982：336）。与这一理论相反，他们强调："19 世纪末科学与技术的结合带来了生产技术，其潜力只有在投入政治和经济组织——经济交易部门——的资源大量增加时才能兑现。增加资源投入很大一部分是在市场中发生的，并且是通过自发组织来实现的。政府也出力颇多。"（North and Wallis，1982：336）诺思和瓦利斯将 15 个经合组织国家在 1953—1974 年的政府支出分为两类，即转移支出与交易服务支出，进而对他们的命题进行了检验。在这段经济增长强劲的时期，他们发现交易服务占比的增长速度要快于国内生产总值的增速，并且在各个国家都比较稳定（North and Wallis，1982：338）。

在 1986 年的一篇文章里，约翰·瓦利斯和诺思进一步对 1870—1970 年美国经济中私营部门和公共部门领域交易成本的构成进行了分解。由于交易成本有许多成分不易计量，他们将分析的重点放在了测度特定行业和特定职业提供的交易服务上（Wallis and North，1986：103）。他们确定，提供交易服务的主要行业有银行业、保险业、金融业、房地产业、批发服务业和零售服务业，它们的所有收入都被算作交易服务。律师、会计、法官、公证员、警察、警卫、经理、领班、检验员、销售员、文员，人事和劳资等职业被认定为提供交易服务的职业，如果这些人员被交易服务行业以外的公司雇用，则其工资也被统计为交易服务（Wallis and North，1986：105—106）。瓦利斯和诺思的核心发现是，交易服务占国民生产总值的比例在 1870 年约为 25％，1970 年上升到了 50％以上（Wallis and North，1986：120）。他们提出了一些可能引致这种增长的原因，即"专业化和劳动分工加强；随着企业规模的扩大，生产和运输方面的技术有了变化；政府在与私营部门打交道时变得更为强势"（Wallis and North，1986：123）。他们得出的结论是，这方面研究主要的贡献在于它弄清楚了为支撑起美国市场交易而倾注的资源"体量巨大"。

第三篇文章篇幅不长,约翰·瓦利斯和诺思在文中考虑了在美国国民生产总值核算中对交易服务部门进行处理是否会使计算产生偏差。他们发现,将交易服务部门的最终产品从国民生产总值中剔除,会降低1870年和1970年的国民生产总值水平,但对国民生产总值增长率的影响很小(Wallis and North,1988:653)。瓦利斯和诺思在1994年发表了一篇论文,研究了罗纳德·科斯的一个经典命题——假定存在特定的技术,公司会选择能够让交易成本最小化的制度。至此,他们的交易成本"四部曲"结束了。诺思和瓦利斯进一步探讨了当公司同时对制度和技术作出选择时,科斯的观点是否仍然成立。他们证明,在这个更宽泛的情形下,它"显然是错误的。在给定的产出水平下,公司会选择能够让总成本(即转制成本和交易成本的总和)最小化的制度"(North and Wallis,1994:610)。这种区分很重要,因为从这个更宽泛的命题来看,公司内部的制度变革能够成为其实施技术变革的工具,"也能让制度变革成为增长重要且独立的源泉"(North and Wallis,1994:610—611)。

制度经济学框架的拓展

诺思在耳顺之年完成了《经济史中的结构与变迁》,该书于1981年出版,代表着他研究的一个转折点,书中提出了一个全球经济史和制度变迁的研究议题,他日后为此孜孜以求30余载。诺思提出了四个新要素,认为若要构建可行的制度变迁理论,它们是必要的组成部分。第一,他敦促在为制度变迁建模的经济史学家们,对于依赖以新古典经济学为基础的模型这一点要再加思量,考虑改用明确地将对交易成本的考量与新古典经济学相结合的模型。一旦这个较为宽泛的框架成为诺思的分析工具,那么早期基于新古典经济学模型的核心要义——制度变迁引致更有效的结果——就再也站不住脚了。这是观念上的一个重大的转变,因为它使诺思制度变迁的新理论能囊括在非洲、亚洲和南美洲所发生的、范围更广泛的经济和政治成果,以及时间跨度更长的人类历史。第二,诺思认为制度理论必须建立在产权理论的基础上。但是,第三,产权理论要行得通,它就必须以国家理论为基础。意识形态理论是诺思提出的第四个新要素,也是一个必需的要素,因

73

为要理解个人"对现实不同的看法"如何使其对客观环境中同样的变化作出不同反应,它是关键的组成部分。

　　诺思的国家模型在社会科学领域影响力很大,部分原因在于它简单地界定了国家的含义:"国家是一种在行使暴力上具有比较优势的组织,其地理区域延伸的边界,由它向选民征税的能力决定。"(North,1981:21)"国家所提供的基本服务,是一些根本性的竞赛规则。"(North,1981:24)统治者为了获得税收,会明确规定人和土地的产权,国家至少在一定程度上会强行实施。通常,在采用更有效的制度和统治者的利益(例如增加额外收入)间会有权衡(North,1981:Chap.3)。该模型暗含的意味人所共知,即"使统治者(或统治阶级)租金最大化的产权结构与导致经济增长的产权结构是冲突的",而且这会使强权集团和统治者在利益方面关系紧张(North,1981:28)。

　　诺思强调,只有在模型中将意识形态如何框定人们对现实的看法这一点纳入考量,才能理解制度变迁。制度变迁模型衍生出左右个人行为的规则,但讲求最大化的个人在某些情况下有不服从的动机,亦即"搭便车"。诺思(North,1981:45—46)指出,在另一些情况下,即使人们可以违反规则而不那么担心受到惩罚,他们也会遵守规则。诺思随后论述,意识形态被定义为"使个人和集团的行为范式合乎理智的智力成果",这是造成这些偏差主要的原因,因为它提供了一种"节约机制",让复杂环境中的决策简化了。意识形态"与个人所理解的关于世界公平的道德伦理判断不可分割地交织着",并且当"个人的经验与他们的意识形态不一致"时,他们会改变自己的思想观念(North,1981:48—49)。最重要的是,若制度变迁理论未能将意识形态理论纳入其中,那么它将难以解释个人和组织的政治参与和政治家的决策。

　　诺思在《经济史中的结构与变迁》中用该理论来分析历史制度的篇幅仅有130页,内容涵盖了人类一万多年的历史,从狩猎、采集向农业过渡的模型开始,到对20世纪初美国进步运动的分析结束。第七章"第一次经济革命"提供了一个简单的理论,利用人口压力来解释(从狩猎、采集向)农业的过渡——人口压力使被相互竞争的人类群体猎杀的迁徙动物数量减少,并使群体成员在耕种的土地上形成的私有产权(为应对外来者而实施)增加。第八章"第一次经济革命的组织后果"考察了古代8 000年的历史,重点关注的是:从狩猎、采集过渡到农业社会所需的制度变革、小国的崛起,以及小国巩固成为区域性帝国的过程。第九章"古代社会的经济变革和衰落"讲述了区域性帝国的衰落和直至公元 1000 年始终笼罩着欧洲的骚乱。而第十章("封建制度的兴衰")和第十一章("近代欧洲的结构和变革")非常简短(34页),对《西方世界的兴起:新经济史》一书所涵盖的几个世纪(900—1700 年)里制度变迁方面的论述稍加修改。第十二章"工业革命的反思"重新诠释了工业革命的性质和原因,而第十三章"第二次经济革命及其后果"则认为,"第二次经济革命"的科学进步诞生了"新知识的弹性供给曲线,将经济增长纳入制度之中"(North,1981:171)。诺思的结论是,"现代政治经济绩效问题的核心"是"专业化增益和专业化费用之间不断发展的紧张关系"(North,1981:209)。

　　与涵盖了许多相同主题的《西方世界的兴起:新经济史》相比,社会科学家和历史学家对《经济史中的结构与变迁》的接受度要高出许多。例如,戴维·加伦森(Galenson,1983:189)得出的结论是:"诺思认为,需要用意识形态理论来解释集体行动在很多情况下是如何发生的——尽管搭便车问题给集体行动带来了阻碍,以及社会为什么要投入资源来建立其政治合法性。这与正统观点有显著的差异。"杰克·戈德斯通(Jack Goldstone,1982)和沃尔特·罗斯托(Rostow,1982)称赞诺思拓展了理论,扩展了历史分析的范围,使得"画布更为宽广",不过罗斯托也总结道,诺思的"失败都源于同一个原因:他对人类个体缺乏比较连贯的看法"。戈登·塔洛克(Gordon Tullock,1983)对诺思应用理论的细节提出批评,但称这部著作"汇集了大量趣味盎然的新思想与新观点,理应大书特书"。在如潮的好评声中,弗雷德里克·普赖尔(Frederic Pryor,1982:986—989)发表在《经济史杂志》上的评论是个例外。普赖尔发现诺思应用自己的理论时常会犯错,或者"太过抽象,以致将过往经济体系的神韵遗失了"。

　　诺思与政治学家巴里·温格斯特一起研究了英国的"光荣革命",其成果《宪政与承诺:17 世纪英国公共选择制度的演变》(Constitutions and Commitment: The Evolution of Institutions Governing Public Choice in Seventeenth-Century England)是《经济史杂志》上被转引最多的一篇文章。这项专题研究独辟蹊径,使得一代历史学家与社会科学家探究这一标志性历史事件的方式发生了改变,更广泛地说,改变了他们分析旨在限制行政权力的政府制度

75

的方式。诺思和温格斯特认为,1688 年英国的光荣革命是英国制度史上的
一道分水岭,因为它使一系列政治制度得以建立,使革命者得以:

> 解决王权专制和没收财产的权力。议会拥有至高的权力、中央(议
> 会)控制财政事务、限制王室特权、司法独立(至少不受王室影响)、普通
> 法法院的最高权威等制度得以确立。一个主要的结果是,产权更有保障
> 了。(总结于 North,1991:139)

　　诺思和温格斯特随后提出,改革使英国的资本市场和支撑起资本市场的
机构(如英格兰银行)得以发展。在光荣革命后的 25 年里,政府在资本市场
上借得资金的能力是英国在两场对法战争中取得成功的关键因素。诺思
(North,1991:139)后来总结道:"保障产权,发展公、私资本市场,不仅是随
后英国经济快速发展重要的影响因素,对其取得政治霸权和最终统治世界
也助益颇多。"
　　学者们对诺思和温格斯特对光荣革命的解释提出了质疑。有人追问,他
们所找到的引发英国公共财政革命的特定机制是否正确,还有人质疑,他们
整体的诠释是否抓住了光荣革命背后的冲突本质。史蒂文·平卡斯(Steven
Pincus,2009)在其权威史论著《1688:第一次现代革命》(*1688:The First
Modern Revolution*)一书中有力地指出,诺思和温格斯特完全误解了光荣革
命的背景。与其说光荣革命是拥护君主特权与支持议会(意图限制君主,加
强个人产权和自由)这两股力量之间的斗争,倒不如将其视作两种现代化力
量之间的较量,双方对能使英国有效地与路易十四治下的法国展开竞争的
政治、社会、经济看法不同(也可参见 Pincus and Robinson,2014)。
　　其他人则关注促成了英国金融革命的,究竟是光荣革命,还是革命后被废
黜的詹姆斯二世对威廉和玛丽所构成的威胁。约翰·威尔士和道格拉斯·威
尔斯(John Wells and Douglas Wills,2000:419)认为,詹姆斯二世(后来是他的
儿子)的追随者们推翻光荣革命的威胁能"更好地解释为什么英国要引入这些
制度变革",这比诺思和温格斯特的解释更有说服力。他们的结论是,之所以
需要更好的制度,是因为詹姆斯二世党人的威胁使王室的信誉问题"恶化了",
因此"议会和国王都必须作出新的制度安排,来解决这些信誉问题"(Wells and

Wills，2000：419）。布鲁斯·卡拉瑟斯（Bruce Carruthers，1990：697）认为，是詹姆斯二世的"天主教信仰，而非其专制制度，导致臣民们反对他。相比财产问题，策划光荣革命的英国财富所有者更关心天主教问题"。卡拉瑟斯还坚称，使议会更有效地确立自己权威的，不仅有光荣革命的宪政变革，还有议会中的托利党人与辉格党人有组织竞争的出现，以及上议院对银行家案件（Bankers Case）——就查理二世时期的王室债务违约提出异议——的一项决议。

诺思和温格斯特随后与保罗·米尔格罗姆（Paul Milgrom）一起开展了一个项目，该项目又为《经济史中的结构与变迁》中列出的理论提供了广泛的个案研究。他们在 1989 年的文章中提出了一个规范的博弈论模型，为"商人法"（Law Merchant）提供了理论基础。"商人法"这种制度为中世纪早期欧洲香槟集市的参与者所使用，用来执行在集市上签订的契约。在他们的分析中探讨了这样一个基本的问题：商人的信誉如何提供一种保证，使得集市上"即使没有一对交易者经常碰面"，也能确保卖方在质量上信守承诺，而买方能为产品埋单？他们通过模型发现："如果每个人在交易者团体内交易得足够频繁，那么若是交易团体的成员可以随时了解彼此过去的行为，则可听得的诚实名声能够让人充分相信其行为可靠。"（Milgrom et al.，1990：3）这篇文章很重要，因为它为诺思早期非正式的理论——关于 11 世纪和 12 世纪欧洲贸易的增长与支持贸易的特定制度的兴起之间的联系——提供了正式的博弈论基础。

诺思 1990 年的著作《制度、制度变迁与经济绩效》篇幅短小，论述清晰，以一种能够让社会科学家和历史学家等广泛的读者群体理解的方式，着重对他的理论框架进行了充实。迄今为止，这部著作在诺思的作品中被引用最多，截至 2018 年 2 月，谷歌学术搜索中显示它被转引 57 734 次。尽管这部著作的多个章节清晰地描绘了（制度理论）在欧洲和美国的历史中的一系列新应用，但书中历史的内容相对较少。在简略说明制度变迁理论之外，书中还解释了"过去是如何影响现在和将来的，渐进性的制度变迁方式对一定时间点上的选择集合的影响，以及路径依赖的实质"（North，1990：3）。该书的"基本目标"被描述为"解释历史过程中不同经济的绩效差异"。

这部著作对诺思总体分析框架的一个贡献是对组织和制度进行了严格

77

的区分。组织被定义为"为达致某些目标并受共同目的约束的个人团体"（North，1990：5）。它们将"被设计出来，为实现其创立者的目标"，其结构和行为将由技术、偏好、交易成本、相对价格和制度约束来决定。诺思强调，"就达致其目标而言"，组织可以成为"促成制度变迁的主角"，这是由于非正式的约束逐渐发生改变——这是组织最大化其行为的副产品，因为组织开始直接参与制度变迁的过程，还因为组织获得的知识改变了与现有制度相关联的成本和收益。

诺思（North，1990：7）提请读者注意他1981年的著作《经济史中的结构与变迁》，在那本书里，诺思所采用的经济模型中包含交易成本，致使他放弃了制度必然会随时间推移而有效演变的观点。诺思在1990年的著作中进一步对这个观点进行了扩展，更为明确地指出了制度变迁可能从何处走入歧途。他主要关注的是那些为利用制度框架内的机会而创建，后来又直接或间接地改变了制度框架的组织。诺思（North，1990：7—8）假设，"由制度和从制度中演化出来的组织之间的共生关系"可能会导致锁入（lock-in），因为这些组织的盈利能力依赖制度框架。然而，假设"经济和政治组织内部的企业家"认为，改变制度结构能让他们做得更好。如果交易成本为零，那么任何选择都将是有效率的。但制度变迁的交易成本为正，而且"人们常常不得不在信息不完全的情况下行动，处理那些通过心智构念（mental construct）而得来的信息，因而，他们常常是行进在无效率的路径上"。在这种情况下，很容易找出一些国家的例子，如美国在19世纪晚期进行了有效的制度改革，而其他国家，如英国，则在17世纪早期进行了有利于再分配活动的制度改革。

诺思（North，1990：Chap.11）对保罗·戴维（David，1985）新提出来的概念——路径依赖——予以强调，并进一步对这些观点进行了阐发。其基本理念是，"倘若形成今天之制度的过程是相互关联的，并且还约束着未来的选择，那么，不仅历史是重要的，而且低水平的绩效"会被锁入（North，1990：93）。当制度的选择导致收益（来自各种来源）增加时，这种情况最有可能发生，因为组织将制度的激励作用为己所用。事态的发展很复杂，因为"意识形态信念影响着决定选择的主观构念模型"（North，1990：103）。非正式的制度约束根植于社会文化之中，也会让制度选择被锁入。诺思（North，1990：140）总结道，"我们需要更多地了解衍生自文化的行为规范，以及行为

78

规范与正式规则之间的互动方式,以便更好地解答"与制度变迁和制度持久性有关的问题。

戴维·加伦森在发表于《经济发展与文化变迁》的述评(Galenson,1993:419—422)中指出,《制度、制度变迁与经济绩效》一书"综合了诺思近来成果大部分的精华,强调了其中的优劣所在。最成功的部分多侧重于制度形成过程的政治经济学,并且在这方面取得了相当大的进展。在评价制度设计的后果方面取得的进展要小得多"。相比之下,沃尔特·尼尔(Walter Neale,1993:422)在《经济发展与文化变迁》上发表的另一篇述评中称其为"一本奇怪的书,甚至是一本糟糕的著作"。因为诺思:

> 认为制度在本质上是限制性的——它们是"人为设计的、形塑人们互动关系的约束",并且"界定并限制了人们的选择集合"(North,1991:3—4)⋯⋯人们希望他已经能够采纳这个观点,即制度无论何时何地,对几乎一切人类生活都是必不可少的。语言、养育和抚养孩子惯常的做法、签订合同、购买番茄⋯⋯这些模式都被我们称为"制度"。制度确实禁止许多活动,但是⋯⋯无论何时何地,制度都是既使人自由又存在限制的。(Neale,1993:423)

尼尔还指出,用来发展诺思宏大理论的史料通常仅局限于美洲和欧洲,而来自非洲、亚洲和太平洋地区的史料往往被忽视。弗雷德里克·普赖尔早些时候在对《经济史中的结构与变迁》一书进行述评时也这样认为。

拓宽经济学家的视野:从认知科学到政治秩序

诺思在他2005年的著作《理解经济变迁过程》中,一开始就对新古典主义经济学的理性假设进行了有力的批判,他认为:"对理性假设不加鉴别地接受,对社会学家所面对的大部分问题是破坏性的,并且也是未来前进道路上的主要障碍。"要理解"我们认识世界的方式和解释世界的方式是要求我们深入研究意识和大脑是如何工作的——这是认知科学的主要课题"

(North，2005：5)。诺思认为，认知科学可以向经济史学家传授"人类怎样对外部环境的不确定性，特别是从不断变化的人类行为中产生的不确定性作出反应、人类学习的本质、人类学习与信念体系之间的关系，以及意识与人类意向性对人类强加给自身环境的结构的含义"(North，2005：5—6)。

79　　进行这种考量的起点是，仔细审视"几百万年来人类逐渐成为狩猎者和畜牧者的过程中所形成的基因结构。在小团体中天生存在的合作行为的确具有基因的特性"，有一些实验证据支撑这一结论(North，2005：45)。然而，我们观察到不同社会中各种群体的合作行为在程度上和形式上体现出很大的差异。诺思(North，2005：47)推测，这些差异可能源于个体在学习过程中存在的差异。这些差异可能是由于"(1)一个给定的信念体系对来自经验的信息进行过滤的方式，以及(2)在不同时期个体和社会所面临的不同经验"。诺思认为，影响个人学习的一个因素是，在个人和群体需要做出的重要决策中，有许多是为了应对"非各态历经"(non-ergodic)的新情况。在这种情况下，与决策相关的、重要的随机过程是不稳定的。在这些"非各态历经"情形下，决策者几乎无法从过去的决策中学到什么，这为参与者利用非理性的信念来做出决策打开了大门。

然而，诺思(North，2005：viii)强调，"人类学习不仅仅是单个个体终其一生的经验积累，而且也是过去数代人的经验累积"，它"体现在语言、人类记忆和符号存储系统中，包括构成社会文化的信念、神话和做事方式"。这是因为每个社会的文化变迁都很缓慢，这就影响了一个社会正式制度规则方面的变革在解决社会问题和抓住新机遇方面有多成功。

这部著作余下的部分围绕上述观点以及许多在这本书中提出的其他观点(例如，人类的意向性对于理解制度演变的重要性)在诺思的传统话题(例如"西方世界的兴起")和新话题(例如"苏联的兴衰")中的运用来展开论述。诺思(North，2005：169)通过观察得出结论："历史上所有的社会最终都会衰亡和消失。"大量证据表明，"灵活的、具有适应性效率的"制度是成功社会持续存在的关键，然而他担心"过去文明的经济衰退具有普遍性，这表明适应性效率可能会有局限"。

青木昌彦(Masahiko Aoki，2010：139)认为，诺思2005年的著作是制度经济学研究的转折点，并称赞其"动态的视角"具有"原创性和全面性"。青木昌彦认为诺思追随众多社会科学家,将制度视为"博弈规则",而且他认为诺思的创新之处在于"对规则的实施至关重要这一点给予了特别的关注"。青木昌彦(Aoki,2010:241)同意诺思的观点,即"政治企业家的'规范的/意识形态式的信念'……可以成为制度变迁的驱动力,因为这样的信念使人类处境中某个变革方向成为'中心方向'。但阐述这个观点是一回事,理解这种信念实际上如何成为共同的行为信念是另一回事"。随后,青木昌彦尝试通过将诺思非正式的博弈论思想转化成正式的博弈论语言来阐明这些问题。也许他最重要的见解是,尽管组织和个人所参与的不同经济、政治和社会博弈有内在的联系,但在每个领域中进行的博弈类型是不同的,这就限制了我们为理解它们之间的联系所作的尝试,除非我们对每种类型的博弈都有所了解。青木昌彦(Aoki,2010:145)在他的评论中赞同诺思的观点:"如果说我们对经济博弈的表述尚差强人意,我们对社会与政治博弈的表述则仍处于无法令人满意的阶段……要理解在不同领域里进行的博弈相互之间关系的本质,我们首先需要弄清楚:是什么将两种类型的博弈领域从根本上区分开来。"一旦弄清了这一点,那么为理解制度变迁的过程,就需要探讨人与组织如何协调政治和经济博弈的战略博弈之间的双向关系。从动态战略互补性的角度来看,这些关系可以用明确的博弈论分析来加以解释,这会使一个能蓬勃发展的、跨学科进行分析的领域崭露头角。

2009 年,诺思出版了《暴力与社会秩序》。他在这部著作里进行了一项富有创造性且雄心勃勃的尝试,旨在建立一个分析框架,以审视在大量不同的社会和历史时期,政治秩序如何变迁。该书是与约翰·瓦利斯和巴里·温格斯特合作完成的,他们两人长期与诺思合作。诺思-瓦利斯-温格斯特团队认为,控制暴力是每个社会都要面临的重大挑战。他们的基本观点是,如果在一个社会里,人们生活的环境中暴力频繁发生,那他们就不可能获得高水平的福利。如果暴力横行,那么用托马斯·霍布斯(Thomas Hobbes)不朽的名言来说:"生活污秽、野蛮而短暂。"尽管没有一个社会能够消除暴力,但只有暴力得到"控制和管理",社会才能繁荣(North et al.,2009:13)。生活在暴力阴影下的社会,试图通过设计出社会安排来解决这个基本的问题,以"通过产生激励,让有权势的个人及其支持者进行协调而不是相互斗争,来遏制暴力的使用"。在诺思-瓦利斯-温格斯特的概念框架里,有两种一般的

80

方法可以让社会获得秩序以控制暴力。在权力限制秩序（limited access order）里，主要通过制定正式规则来控制暴力，这些规则会对人们组建新组织的权利加以限制，因为这些新组织可能与现有的组织存在竞争。权力开放秩序（open access order）大多局限于用军队和警察来控制暴力，而他们被政府中业已确立的职权系统所控制。政治制度支持新组织公开进入，以便其在经济和政治市场上与为既定利益集团奔走或由既定利益集团运营的组织展开竞争（North et al.，2009：4）。

权力限制秩序中用什么机制来控制暴力的使用呢（North et al.，2009：4）？由权势集团的领导人和有权势的个人首先同意组成一个"支配联盟"（dominant coalition），其成员将资源和机会在内部进行分配，并且同意保留彼此对这些资源的特权。这种特权会产生经济租金（租金被定义为高于或超过一项活动正常回报的溢价），并且如果激励措施构建得当，它将确保每位领导人及其团队保持和睦，不会争斗。由于支配联盟成员之间自我实施的协议经常会破裂，因此支配联盟会采取行动来提供一个"组织的组织"——通常被称为"国家"——以第三方来对特权进行强制执行。如果支配联盟内部或外部的个人或团体妨碍了成员特权，那么联盟的个人成员和国家就有动机采取行动，来行使成员的权力。实际上，为了维持他们对经济租金的独占权，支配联盟的成员必须采取的重要行动是"对其他人成立竞争组织的可能性予以限制"。

如何将支配联盟创造的经济租金分配给它的成员？有权势的个人与组织的暴力潜能，以及由独特的个人、家庭和群体关系构建起来的网络对分配的影响很大。对于租金分配来说，网络很重要，因为支配联盟中精英之间的关系大多数是私人性质的，不是非个人的。由于精英之间重要的关系本质上是私人关系，协议在精英成员之间如何执行取决于特定精英成员的身份和地位，并非取决于非个人的法律规则。不同身份的人之间的协议不可能用非个人的规则来执行，这意味着需要高度信任的协议只能由来自同一社会群体的人来缔结。

诺思-瓦利斯-温格斯特在书中余下的章节里详细阐述了他们的社会秩序理论，并列举了不同类型的权力限制秩序和权力开放秩序的具体例子。其他章节涵盖的内容有：三种不同类型权力限制秩序——脆弱、初级和成熟的自然国家*——的兴起；英国土地法的发展；制度、信念，以及支持权力开放的激励；支撑着向权力开放秩序过渡的门阶条件；以及英国、法国和美国成功转型的例子。在罗伯特·马戈（Margo，2009）和罗伯特·贝茨（Robert Bates，2010）对《暴力与社会秩序》一书的评论中，他们称赞这部著作具有独创性，也批评它过于重视从分类学上对社会秩序进行分类，没有为社会秩序的起源、运行和演进提供更深层次的微观基础。马戈认为，这部著作最重要和最深刻的观点是："人们不能简单'去除'自然国家肤浅的表象，从而揭开一个渴望获得自由的权力开放秩序的跳动着的心脏……"

2012年，诺思-瓦利斯-温格斯特团队与斯蒂芬·韦布（Stephen Webb）又编撰了一部著作——《暴力的阴影》（*In the Shadow of Violence*），该书使用了在《暴力与社会秩序》中制定的分析框架，对10个发展中国家的经济和制度变迁进行了个案研究。诺思的批评者曾指出，他依赖来自欧洲和美洲的证据来阐明他的理论，而诺思-瓦利斯-温格斯特团队委托他人撰写了第二卷，以此来展示能够用他们的分析框架来进行研究的历史经验范围十分广泛。

制度重要吗？诺思和他的批评者们

诺思的批评者们以各种各样的罪名来攻击他。威斯康星学派的制度主义由约翰·康芒斯（John Commons，1934）** 和索尔斯坦·凡勃伦（Veblen，1899，1904）*** 在其著作中率先提出，与此传统相关的经济学家认为诺思的研究

---

* 脆弱的（fragile）自然国家除了国家本身，什么组织也支持不了；初级的（basic）自然国家可以支持组织，但必须是在国家的框架内；成熟的（mature）自然国家可以支持很多种类的、不在国家直接控制之下的精英组织。——译者注

** 约翰·康芒斯是制度经济学的开创者之一，是制度经济学方面有特色的威斯康星传统的奠基人，他从法学、伦理学、社会学、政治学等角度研究经济学问题，威斯康星大学的制度主义思想主要在康芒斯身上得以体现。威斯康星大学的制度主义的一个显著特征是与政府有着密切的联系。在"进步运动"时期，威斯康星州的政治家就是实践"进步运动"政治观念的典型。——译者注

*** 索尔斯坦·邦德·凡勃伦是通常被称作制度主义的美国非正统分支的学术创始人。他与正统理论在科学上和道德上的不同意见极大地影响了美国非正统思想的发展。凡勃伦是挪威移民的儿子，在美国威斯康星州和明尼苏达州的农村长大。——译者注

存在致命的缺陷：尽管诺思已经对他的理论框架做过适当的修改，在其中加
入了交易成本，但仍有一只脚踩在功能失调的新古典主义经济学的泥淖中。
本·法恩和季米特里斯·米洛纳基斯（Ben Fine and Dimitris Milonakis,
2003：568）的做法略有不同，他们批判诺思在方法论上一直倚重个人主
义。法恩和米洛纳基斯总结道，"诺思自己的才智之旅，尽管出发时打着个人主
义的旗号，但最终还是把他引入了集体、权力和冲突的浑水中"，而他的理论
并不能很好地顺应这一点。

82

　　诺思将制度定义为"一个社会的博弈规则，或者更规范地说……人为设
计的、形塑人们互动关系的约束"，他强调制度变迁对于促进经济增长具有
重要作用，一些著名的经济史学家和理论家对此提出批判，其中包括阿夫
纳·格雷夫（Avner Greif）、迪尔德丽·麦克洛斯基、乔尔·莫基尔（Joel
Mokyr）和格雷戈里·克拉克（Gregory Clark）。以下是对他们所作批评的简
要总结。

　　阿夫纳·格雷夫在一系列具有开创性的研究中使用博弈论的工具来分
析制度，他（Greif, 2006）认为最好将制度定义为个人对"他人行为合规性"
的期望。格雷夫和克里斯托弗·金斯顿（Greif and Christopher Kingston,
2011：25）将"制度即均衡方法"（institutions-as-equilibria approach）总结
如下：

> 　　制度即均衡方法的核心思想是，最终是他人的行为和预期行为，而
> 不是相沿成习的行为规则，致使人们以特定的方式行事（或者不作为）。
> 社会中所有个体预期行为的总和，是任何一个个体都无法控制的，它构
> 成并创造的结构影响着每个个体的行为。当这种结构促使每个人都遵
> 循社会情境中的行为规律，并以有助于这种结构延续的方式行事时，社
> 会情境就被"制度化"了。

　　格雷夫定义和分析制度的方法与诺思的不同，但这两位经济史学家都认
为制度是基础，能让人们理解经济如何变迁，以及为什么一些制度能够带来
持续的增长。然而几位著名的经济史学家试图证明，19 世纪和 20 世纪经济
迅速增长的背后，主要不是更好的制度在起作用。

迪尔德丽·麦克洛斯基在她三卷本巨著的第二卷《企业家的尊严：为什么经济学不能解释现代世界》(*Bourgeois Dignity*：*Why Economics Can't Explain the Modern World*)(McCloskey，2010)中，用几章的篇幅对诺思学术研究的方法论基础和实用性提出批评。麦克洛斯基认为，尽管诺思在他的职业生涯中愿意去扩展分析框架，但他在分析中仍旧依赖新古典经济学过时的理念——受约束的企业要利润最大化，受约束的消费者要效用最大化，这成了他的负累。麦克洛斯基指责诺思对约束念念不忘，未能理解非经济层面的文化、宗教和政治是如何影响人类行为的。就诺思自己的分析框架而论，麦克洛斯基对他在解释英国和其他国家制度变迁是如何引发现代经济增长方面的叙述提出了批评。她认为，制度的变迁和经济增长的变动实际发生的时间与诺思理论预测的不符。诺思强调，光荣革命之后英国出现了更可靠的产权承诺，但这一点也遭到了摒弃，麦克洛斯基认为，稳固的产权在英国已经确立好几个世纪了，无论如何，就现代英国制度的发展而言，英国内战要比光荣革命更为重要。麦克洛斯基随后指出，正是资产阶级价值观的发展，以及在 17 世纪、18 世纪这些价值观日益赢得尊重，才使过去两个世纪的经济增长成为可能。

乔尔·莫基尔(Mokyr，2017：5)发现："经济史领域有许多文献试图对经济绩效和生活水平方面的差异作出解释……(它们)都以这样或那样的方式接受了道格拉斯·诺思的呼吁，即将制度纳入我们对经济增长的叙述中……"莫基尔(Mokyr，2017：5)还认为，"过去许多积极的经济发展都可以归功于"更好的制度，但"更好的市场、更多的合作行为，以及更有效的分配本身并不能解释现代经济增长"。他的结论是，工业革命"乍一看似乎并不是对任何一个明显的制度刺激做出的反应"。相反，"文化的变迁使其成为可能"。文化变迁影响着人类"对自然世界的看法"，并使"激发和支持'有用知识'积累和传播"的制度得以形成(Mokyr，2017：6—7)。

格雷戈里·克拉克(Clark，2007)认为，无论是制度、地理还是对殖民地的剥削，都无法解释过去两个世纪的经济增长。相反，一个社会长期形成的文化与人口力量偶然之下结合在一起，决定了长期的经济增长。在克拉克看来，制度相对来说并不重要，因为制度是内生的。"因此，制度因时而变，因地而异，主要是由于技术、相对价格和人们的消费欲望存在差异，它们使不同的社会安排变得有效。"（Clark，2007：212）克拉克认为，他对制度的看法与诺思和托马斯在《西方世界的兴起：新经济史》中所拥护的新古典主义制度理论如出一辙。该书认为，相对价格和其他经济因素的变化推动着制度变迁，从长远来看，制度往往是有效的。

诺思的遗产

对于道格拉斯·诺思来说，长寿和创造力得到了回报。他之所以能有这样的影响，部分原因在于他的职业生涯长达 65 年，格外长久且又极富成效。其余的则要归功于他的创造性思维，这给经济史学家们提出了一个难题——去解决通常超出了他们舒适区的问题。诺思将人类全部的历史都纳入了自己的研究范畴，并且当他的职业生涯临近终了时，他已经完全扭转了经济史学家对自己使命的看法，同时大大拓展了长期经济、制度变迁的分析框架。

从 20 世纪 90 年代初开始，诺思就对不同的人何以对相同的现实产生不同的看法越来越感兴趣。就此而论，不同的学者对诺思与他论著的看法截然不同，这一点值得注意。奥利弗·威廉姆森（Williamson，2000：600）是新制度经济学的创始人之一，也是 2009 年诺贝尔经济学奖的获得者。他认为，在对于使新制度经济学得以创立的研究和组织活动作出重要贡献的人物中，诺思占据一席之地，与其他诺贝尔奖获得者如罗纳德·科斯、肯尼思·阿罗（Kenneth Arrow）、弗里德里希·哈耶克、纲纳·缪达尔（Gunnar Myrdal）和赫伯特·西蒙（Herbert Simon）并肩而立。许多经济历史学家将诺思与罗伯特·福格尔、约翰·迈耶、罗伯特·高尔曼、威廉·帕克和兰斯·戴维斯共同视为计量史学的创始人，这一理论和量化运动使经济史研究发生了改变。其他经济学家认为诺思是这样一位学者——他不断地敦促他们逃离新古典经济学狭隘的圈子，并考虑如何通过吸收其他学科的见解来强化他们的分析。

有些学者认识到，在诺思 60 余年的职业生涯中，他对制度变迁的看法从根本上发生了改变，这些学者对诺思的评价最有洞见。看看他的第一本书，其中对经济变迁的看法与他最后一本书的观点截然不同,后者关注的是社会秩序的基础以及社会秩序如何变化。克劳德·梅纳德和玛丽·雪莉(Claude Menard and Mary Shirley, 2014:3)认为,诺思的巨大成就在于改变了"许多经济学家对发展的看法:从认为发展是由新技术和资本积累推动的增长过程,转变成认为发展是一个动态的制度变迁过程"。约翰·瓦利斯(Wallis, 2014:48)总结道:"诺思的天才之处在于,他能弄清楚接下来要问什么,这通常直指当前的概念框架无法解释的问题最终的答案。"提出新问题,开发出新方法来解答这些问题,这是所有科学探索的核心所在。事实很可能会证明,诺思对史学和社会科学的根本贡献在于他能提出极具挑战性的新问题。

参考文献

道格拉斯·诺思作品选(按出版顺序排列)

Cox, G.W., North, D.C., Weingast, B.R. (2015) "The Violence Trap: A Political-Economic Approach to the Problems of Development. 13 Feb 2015". [cited on 27 January 2018]. Available from: SSRN: https://ssrn.com/abstract=2370622.

Davis, L.E., North, D.C. (1970) "Institutional Change and American Economic Growth: A First Step Towards a Theory of Institutional Innovation", *J Econ Hist*, 30(1):131—149.

Davis, L.E., North, D.C., with assistance from Smorodin, C. (1971) *Institutional Change and American Economic Growth*. Cambridge University Press, Cambridge.

Denzau, A., North, D.C. (1994) "Shared Mental Models: Ideologies and Institutions", *Kyklos*, 47(1):3—31.

Denzau, A., North, D.C., Roy, R.K. (2005) "Shared Mental Models: A Postscript", in Roy, R.K., Denzau, A.T, Willet, T.D. (eds) *Neoliberalism: National and Regional Experiments with Global Ideas*. Routledge, London/New York.

Drobak, J.N., North, D.C. (2008) "Understanding Judicial Decision-Making: The Importance of Constraints on Non-Rational Deliberations", *Wash Univ J Law Policy*, 56:131—152.

Milgrom, P.R., North, D.C., Weingast, B.R. (1990) "The Role of Institutions in the Revival of Trade: The Law Merchant, Private Judges, and the Champagne Fairs", *Econ Polit*, 2(1):1—23.

North, D.C. (1955) "Location Theory and Regional Economic Growth", *J Polit Econ*, 63(3):243—258.

North, D.C. (1956) "International Capital Flows and the Development of the American West", *J Econ Hist*, 16(4):493—505.

North, D.C. (1958) "Ocean Freight Rates and Economic Development 1730—1913", *J Econ Hist*, 18(4):537—555.

North, D.C. (1959) "Agriculture and Regional Economic Growth", *J Farm Econ*, 41(5):943—951.

North, D.C. (1960) "The United States Balance of Payments 1790—1860", in Parker, W.N. (ed) *Trends in the American Economy in the Nineteenth Century*, 24th Conference on Income and Wealth, *National Bureau of Economic Research*. Princeton University Press,

Princeton.

North, D.C.(1961) *The Economic Growth of the United States*, *1790—1860*. Prentice Hall, Englewood Cliffs.

North, D.C.(1963) "Quantitative Research in American Economic History", *Am Econ Rev*, 53(1/Part 1):128—130.

North, D.C.(1965) "The State of Economic History", *Am Econ Rev*, 55(1/2):85—91.

North, D.C.(1966) *Growth and Welfare in the American Past: A New Economic History*. Prentice-Hall, Englewood Cliffs.

North, D.C.(1968) "Sources of Productivity Change in Ocean Shipping 1600—1850", *J Polit Econ*, 76(5):953—970.

North, D. C. (1978) "Structure and Performance: The Task of Economic History", *J Econ Lit*, 16(3):963—978.

North, D.C.(1981) *Structure and Change in Economic History*. Norton, New York.

North, D. C. (1990) *Institutions, Institutional Change and Economic Performance*. Cambridge University Press, Cambridge.

North, D.C.(1991) "Institutions", *J Econ Perspect*, 5(1):97—112.

North, D. C. (1994) "Economic Performance Through Time", *Am Econ Rev*, 84(3): 359—368.

North, D. C. (2005) *Understanding the Process of Economic Change*. Princeton University Press, Princeton.

North, D.C. "Douglass C. North-Biographical". [cited 28 January 2018]. Available at https://www. nobelprize. org/nobel_prizes/Economic-sciences/laureates/1993/north-bio.html.

North, D.C., Thomas, R.P.(1971) "The Rise and Fall of the Manorial System: A Theoretical Model", *J Econ Hist*, 31:977—803.

North, D.C., Thomas, R.P.(1973) *The Rise of the Western World: A New Economic History*. University Press, Cambridge.

North, D.C., Wallis, J.J.(1982) "American Government Expenditures: A Historical Perspective", *Am Econ Rev Pap Proc*, 72(2): 336—340.

North, D.C., Wallis, J.J.(1994) "Integrating Institutional Change and Technical Change in Economic History: A Transaction Cost Approach", *J Inst Theor Econ*, 150(4):609—624.

North, D.C., Weingast, B.(1989) "Constitutions and Commitment: The Evolution of Institutions Governing Public Choice in Seventeenth-Century England", *J Econ Hist*, 49(4): 803—832.

North, D.C., Alston, L., Eggertsson, T. (eds) (1996) *Empirical Studies in Institutional Change*. Cambridge University Press, New York.

North, D.C., Summerhill, W., Weingast, B.R. (2000) "Order, Disorder, and Economic Change: Latin America vs. North America", in Root, H., de Mesquita, B.B.(eds) *Governing for Prosperity*. Yale University Press, New Haven.

North, D.C., Wallis, J.J., Weingast, B.R. (2009) *Violence and Social Orders: A Conceptual Framework for Interpreting Recorded Human History*. Cambridge University Press, New York.

North, D.C., Wallis, J.J., Webb, S.B., Weingast, B.R.(eds) (2012) *In the Shadow of Violence*.
Cambridge University Press, New York.

Wallis, J.J., North, D.C.(1986) "Measuring the Transaction Sector in the American Economy", in Engerman, S., Gallman, R. (eds) *Long Term Factors in American Economic Growth. Studies in Income and Growth*, *vol.51*. University of Chicago Press, Chicago.

Wallis, J.J., North, D.C. (1988) "Should Transaction Costs be Subtracted from Gross National Product?", *J Econ Hist*, 48(3):651—654.

其他参考资料

Aoki, M. (2010) "Understanding Doug North in Game-Theoretic Language", *Struct Chang Econ Dyn*, 21(2):139—146.

Baldwin, R. E. (1956) "Patterns of Development in Newly Settled Regions", *Manchester*

Sch Econ Soc Stud, 24(May):161—179.

Bates, R.H.(2010) "A Review of Douglass C. North, John Joseph Wallis, and Barry R. Weingast's Violence and Social Orders: A Conceptual Framework for Interpreting Recorded Human History", *J Econ Lit*, 48 (3): 752—756.

Bogue, A.G.(1972) "Review: Institutional Change and American Economic Growth by Lance Davis, Douglass C. North with Assistance from Calla Smorodin", *J Econ Hist*, 32 (4):961—962.

Carruthers, B.G.(1990) "Politics, Popery, and Property: A Comment on North and Weingast", *J Econ Hist*, 50(3):693—698.

Clark, G.A(2007) *Farewell to Alms: A Brief Economic History of the World*. Princeton University Press, Princeton/Oxford.

Commons, J.R.(1934) *Institutional Economics*. Macmillan, New York.

David, P.A.(1985) "Clio and the Economics of QWERTY", *Am Econ Rev*, 75(2):332—337.

Diebolt, C., Haupert, M.(2017) "A Cliometric Counterfactual: What if There Had Been Neither Fogel Nor North?", *Cliometrica*; https://doi.org/10.1007/s11698-017-0167-8.

Engerman, S.L., Sokoloff, K.L.(2000) "Institutions, Factor Endowments, and Paths of Development in the New World", *J Econ Perspect*, 14(3):217—232.

Fenoaltea, S.(1975) "The Rise and Fall of a Theoretical Model: The Manorial System", *J Econ Hist*, 35(2):386—409.

Field, A.J.(1981) "The Problem with Neoclassical Institutional Economics: A Critique with Special Reference to the North/Thomas Model of Pre-1500 Europe", *Explor Econ Hist*, 18(2):174—198.

Fine B., Milonakis, D.(2003) "From Principle of Pricing to Pricing of Principle: Rationality and Irrationality in the Economic History of Douglass North", *Comp Stud Soc Hist*, 45(3):120—144.

Galbraith, J.K. (1951) "Conditions for Economic Change in Underdeveloped Countries", *J Farm Econ*, 33(4/Part 2):689—696.

Galenson, D.W.(1983) "Review: Structure and Change in Economic History by Douglass C. North", *J Polit Econ*, 91(1):188—190.

Galenson, D.W.(1993) "Review: Institutions, Institutional Change and Economic Performance by Douglass C. North", *Econ Dev Cult Chang*, 41(2):419—422.

Goldin, C.(1995) "Cliometrics and the Nobel", *J Econ Perspect*, 9(2):191—208.

Goldstone, J. (1982) "Review: Structure and Change in Economic History by Douglass C. North", *Contemp Sociol*, 11(6):687—688.

Greif, A.(2006) *Institutions and the Path to the Modern Economy: Lessons from Medieval Trade*. Cambridge University Press, New York.

Greif, A., Kingston, C. (2011) "Institutions: Rules or Equilibria?", in Caballero, G., Schofield, N.(eds) *Political Economy of Institutions, Democracy and Voting*. Springer, Berlin.

Harley, C.K.(1988) "Ocean Freight Rates and Productivity, 1740—1913: The Primacy of Mechanical Invention", *J Econ Hist*, 48(4):851—876.

Hughes, J.R.T.(1982) "Douglass North as a Teacher", in Ransom, R., Sutch, R., Walton, G.(eds) *Explorations in the New Economic History: Essays in Honor of Douglass C. North*. Academic, San Diego.

Libecap, G.D., Lyons, J.S., Williamson, S.H., interviewers.(2008) "Douglass C. North, Further Reflections", in Lyons, J.S., Cain, L.P., Williamson, S.H. (eds) *Reflections on the Cliometrics Revolution: Conversations with Economic Historians*. Routledge, New York.

Margo, R. (2009) "Review: Douglass C. North, John Joseph Wallis, and Barry R. Weingast's Violence and Social Orders: A Conceptual Framework for Interpreting Recorded Human History", EH.NET. [cited on 27 January 2018]. Available at http://eh.net/book_reviews/violence-and-Social-ordersa-conceptual-framework-for-interpreting-recorded-human-History.

McCloskey, D.N.(2010) *Bourgeois Dignity: Why Economics Can't Explain the Modern*. University of Chicago Press, Chicago.

Menard, C., Shirley, M.M. (2014) "The Contribution of Douglass North to New Institutional Economics", in Galiani, S., Sened, I. (eds) *Institutions, Property Rights, and Economic Growth: The Legacy of Douglass North*. Cambridge University Press, New York.

Mokyr, J.(2017) *Culture of Growth: The Origins of the Modern Economy*. Princeton University Press, Princeton/Oxford.

Neale, W.(1993) "Review: Institutions, Institutional Change and Economic Performance by Douglass C. North", *Econ Dev Cult Chang*, 41(2):422—425.

Pincus, S. C. A. (2009) 1688: *The First Modern Revolution*. Yale University Press, New Haven.

Pincus, S. C. A., Robinson, J. A. (2014) "What Really Happened during the Glorious Revolution?", in Galiani, S., Sened, I. (eds) *Institutions, Property Rights, and Economic Growth: The Legacy of Douglass North*. Cambridge University Press, New York.

Pryor, F.L.(1982) "Review: Structure and Change in Economic History by Douglass C. North", *J Econ Hist*, 42(4):986—989.

Rostow, W.W.(1956) "The Takeoff into Self-Sustained Growth", *Econ J*, 66 (261): 25—48.

Rostow, W.W.(1982) "Review: Structure and Change in Economic History by Douglass C. North", *Bus Hist Rev*, 56(2):299—301.

Royal Swedish Academy of Sciences.(1993) "Press Release, Oct. 12, 1993". [cited on 18 July 2018] Available at https://www. nobelprize. org/nobel _ prizes/Economic-sciences/laureates/1993/press.html.

Schultz, T.(1953) *The Economic Organization of Agriculture*. McGraw-Hill, New York.

Simon, M.(1960) "The United States Balance of Payments, 1861—1900", in Parker, W. N.(ed) *Trends in the American Economy in the Nineteenth Century*, 24th Conference on Income and Walth, National Bureau of Economic Research. Princeton University Press, Princeton.

Sutch, R.(1982) "Douglass North and the New Economic History", in Ransom, R., Sutch, R., Walton, G. (eds) *Explorations in the New Economic History: Essays in Honor of Douglass C. North*. Academic, San Diego.

Tullock, G.(1983) "Review: Douglass C. North, Structure and Change in Economic History", *Public Choice*, 40(2):233—234.

van der Wee, H. (1975) "Review: The Rise of the Western World: A New Economic History by Douglass C. North and Robert Paul Thomas", *Bus Hist Rev*, 49(2):237—239.

Veblen, T.(1899) *The Theory of the Leisure Class*. Macmillan, New York.

Veblen, T.(1904) *The Theory of Business Enterprise*. Charles Scribner's Sons, New York.

Wallis, J. J. (2014) "Persistence and Change: The Evolution of Douglass C. North", in Galiani, S., Sened, I. (eds) *Institutions, Property Rights, and Economic Growth: The Legacy of Douglass North*. Cambridge University Press, New York.

Wells, J., Wills, D. (2000) "Revolution, Restoration, and Debt Repudiation: The Jacobite Threat to England's Institutions and Economic Growth", *J Econ Hist*, 60 (2): 418—441.

Williamson, O.E.(2000) "The New Institutional Economics: Taking Stock, Looking Ahead", *J Econ Lit*, 38(3):595—613.

第四章

经济史与经济发展：新经济史的回顾与展望

彼得·特明

摘要

在本章中，笔者主张经济史与发展经济学之间要加强互动。这两个分支学科都研究经济发展，不同之处在于，经济史关注高工资国家，而发展经济学侧重于低工资经济体。笔者的论点是基于罗伯特·艾伦、约阿希姆·福特及其同仁最新的研究。福特利用黑死病影响下的欧洲婚姻模式证明西欧在 14 世纪成为高工资经济体，由此创造的经济条件最终引发 18 世纪的工业革命。艾伦发现，工业革命是由高工资和低动力成本引起的。他指出，工业化的技术与这些要素的价格相适应，在低工资经济体中无利可图。经济发展出现分叉表明人口组成影响运道，过去如此，现在亦然，来自经济史的教训可以为当前的政策决策提供参考。本文介绍了新经济史（也被称为"计量史学"）的起源，并非随意地对近来强调新经济史新方法的研究加以概述。

关键词

新经济史　发展经济学　黑死病　工业革命　欧洲婚姻模式

新经济史大约在50年前诞生。第二次世界大战以后,经济学发生了变
化,经济史同样也发生了改变。新经济史始于20世纪60年代,当时是经济
史的一个部分,如今已经发展成了经济史的主流。我将分三个步骤来考察
新经济史的发展进程,并且对经济史的未来进行思考。首先,我将回顾新经
济史早期的一些情况:它的起源和它早期的发展。其次,我将仔细考量新经
济史的成就,比如罗伯特·艾伦(Robert Allen)和约阿希姆·福特(Joachim
Voth)最近发表的成果所展示的。总而言之,这些成果历经半个世纪的研究
而取得,而且暗含着未来有前途的领域。最后,出于个人喜好,我将用一种
特别的方式对新经济史其他的一些成果进行考察,并提炼出对未来的启示。

保罗·萨缪尔森(Paul Samuelson)在1940年来到了麻省理工学院。那
一年,他从哈佛大学获得了博士学位,但由于哈佛大学未能给他安排教职,
麻省理工学院就把他抢走了(Keller and Keller,2001:81—82)。这个事件既
让麻省理工学院的经济学系诞生了,也使经济学本身发生了一场革命。萨
缪尔森的博士学位论文出版时名为"经济分析基础"(*The Foundations of
Economic Analysis*)(Samuelson,1947),倡导将数学应用于经济学。* 他并不
是第一个使用数学的经济学家,但他展示了如何系统地用数学来重新表述
经济学的论点,不管这些论点是否为人所熟知。就像亚当·斯密(Adam
Smith)一样,他将经济学已经存在的各个分支组织起来,使其成为一个新
的、一致的综合体。

麻省理工学院经济系在战后开设了研究生课程,从结构上来看,经济学
理论、计量经济学和经济史三门必修课呈三足鼎立之势,但一个稳定的凳子
三条腿等长,可这三门必修课的力量却并不均衡。经济理论和计量占据上
风,而经济史需要找到一条与新理论和计量经济学共存的道路才能生存下
去。和以前的经济系一样,经济史学课程在萨缪尔森这场革命之前就已经
开设了,但与我们如今的理解不同,当时的它更像是史学,而非经济学。

经济学的重点发生了改变,一个重要的影响是,主要的论证方式从归纳

---

* 他的博士论文《经济理论操作的重要性》不仅获哈佛大学威尔斯奖,还为他以后
　的研究奠定了基础。1947年为纪念凯恩斯逝世一周年,萨缪尔森发表了以他博
　士论文为基础的《经济分析基础》。——译者注

推理转变为演绎推理。这意味着经济学论文从以叙事为主转变为从模型入手。经济学领域新出现的论文先是建立模型，后分析数据，再发展为进行假设检验。经济史学家对经济学的这种变化也作了回应，在后来所谓的"新经济史"中，他们欣然接受了新工具——经济理论和计量经济学。

这场新经济史运动由 1993 年诺贝尔经济学奖获得者道格拉斯·诺思和罗伯特·福格尔领导。20 世纪 60 年代，诺思与威廉·帕克一起担任《经济史杂志》的编辑，他有意识地吸引那些在分析中使用正规经济学的论文作者投稿。诺思丰硕的成果促进了新制度经济学的发展，这使得他名声大振。福格尔先是发表了有关美国铁路社会节约的著作，之后与斯坦利·恩格尔曼一起发表了美国奴隶制方面的著作，从而在这一领域崭露头角。20 世纪 60 年代，后来被称为"计量史学家"的学者们在隆冬时节的普渡大学举行了年度会议，在这场会议上，这些文稿首次得到展示。

新经济史学家与计量经济学家休戚与共。他们着手收集历史数据，并用这些数据对有关经济活动的假设进行检验。这样一来，新经济史就发展成为经济学的主流，但随着经济系将目光转向萨缪尔森和索洛所倡导的新理论，新经济史的问题也就越来越突出了。

在支撑起麻省理工学院经济系的三足中，经济史论文对于其中的一足至关重要。二战后不久，大多数现场研修的课程要提交学期论文，经济史也开始要求有论文。到 21 世纪初，这种教学方法在研究生教育中保留了下来。20 世纪 50 年代和 60 年代，大多数课程有学期论文，经济史与计量经济学论文存续至今，它们有几个共同的特点。学生们必须根据他们的课程作业或者基本知识选择一个问题来解答，或者选择一个假设来检验。他们必须使用来自实证数据的证据，来回答自己的问题，或者检验自己的假设。他们必须以经济学期刊文章的形式将过程写出来。简言之，它们是应用经济学作业另外的两种形式。事实上，很难划分它们的界线，有时二者还会重叠。

经济史与计量经济学的学期论文在一些重要的方面也存在差异。史学论文的问题和假设来源于经济史——其定义大致遵循经济学惯例，即关注四分之一个世纪或更久以前发生的事件。其目的在于，让学生们在不同制度背景或生疏的相对价格下对事件进行分析。由于许多有趣的历史问题（特别是外国的历史问题）缺乏历史数据，因此学生们使用了许多不同的定量分析技术。相比之下,计量经济学论文则侧重于计量经济学方法的应用,较少关注使用计量经济学方法时问题的环境背景如何。并且,研究生一年级要撰写史学论文,而撰写计量经济学论文是第二年的一个特色。

我于 1965 年开始在麻省理工学院教授经济史,参加了当时的计量史学会议。会上人们关注数据,这让我印象深刻。麻省理工学院的一位计量经济学教授曾对我说过,他做回归的过程中若需用到 1800 年的数据,而他又无法找到这一年的数据时,他会用 1900 年的数据来代替,但在计量史学的会议上,大家并不提倡这么做。人们对数据的收集和诠释非常重视,在如何根据数据提出论点和假设方面往往存在分歧,在数据方面也一样。

我第一次参加计量史学会议时提交了一篇论文,会议的议题是美国的钢铁工业——这也是我论文的主题。我记得,我发现很难将美国内战前铁的数据与我的假设统一起来,于是我对数据进行了自认为合理的修订,以备后续使用。与会者认为这个想法很糟糕,而且很多评论满是批评,这让我觉得经济史学家和计量经济学家的世界已渐行渐远。会后,鲍勃·福格尔(Bob Fogel)走到我跟前,问我在遭遇了刚刚的责难后怎么还能如此地冷静。我对他说,他们批评的是我的论文,并不针对我本身。鲍勃摇了摇头,认为二者并无差别。自那以后,我们成了经常意见相左的朋友。

在此后的 20 年里,可以明显觉察到新经济史学家们欢欣起来了。有两本著作——非常出名,而且富有争议——能让我们回想起这场欢愉。米尔顿·弗里德曼和安娜·J.施瓦茨(Anna J. Schwartz)在 1963 年出版了《美国货币史(1867—1960)》(*A Monetary History of the United States, 1867—1960*)。他们对此前一个世纪美国的波动重新进行了解读,并提出了一个观点,即货币存量的变化是经济活动主要的决定因素。他们的主张以及弗里德曼令人折服的论辩技巧使这本书在经济学家和经济史学家中都轰动一时。人们至今还在使用他们的数据,而且他们的观点与当前的争论仍旧相关。美联储主席本·伯南克(Ben Bernanke)曾对弗里德曼说,虽然弗里德曼认为美联储在 20 世纪 30 年代出了差错,但他不会重蹈覆辙。

十年之后,罗伯特·福格尔和斯坦利·恩格尔曼出版了《苦难的时代》(Fogel and Engerman, 1974)。这部著作很出名,也存在争议,但在历史学家

92

115

和经济史学家中间争议较大,在经济学家中间要小一些。他们对美国的奴隶制重新进行了诠释,与此前作者的观点相比,他们认为这种制度更温和一些,对奴隶的剥削程度也比此前想象的低很多。有趣的是,他们后一个结论的前提是,他们假设奴隶必须支付自己的养育费用。如今,随着公立大学公共资助的缩减,大学生越来越需要为自己的教育埋单,这种做法又卷土重来。学生债务的增长类似于福格尔和恩格尔曼所说的,奴隶欠奴隶主的债务。

1984 年,在美国经济协会的年会上,学者们对这项智识探索进行了检视。在这场分会上提交的论文被刊发在年刊《美国经济协会论文及研究进展》(*Papers and Proceedings of the American Economic Association*)上,本场会议的论文全部被登载在威廉·帕克编辑的《经济史与现代经济学家》(*Economic History and the Modern Economist*)(Parker, 1986)上。这场会议囊括了两篇经济史学家的论文,也有两篇诺贝尔经济学奖获得者的论文。经济学家们自发讨论了新经济学在整个经济学中的地位。

肯尼思·阿罗在他文章的结尾处总结道:"或许在一个理想的理论里,仅观察现下就能总结出过去全部的影响。但是不能将这样的理论用在任何复杂的、不受控制的系统中,甚至对地球也是如此,正如我们所见的那样。实际上如何理解现下,所依赖的是对过往的了解,这一点永远正确。"(Parker, 1986:19—20)

罗伯特·索洛(Robert Solow)措辞不同,但观点基本相同:

> 经济学家在意的是,就经济世界——如其那般,抑或如人所想——建立模型,进行检验。经济史学家会问,若将(理论)用在早些时候,或是其他地方,这样或者那样的叙述听来是否准确。如果不准确,则问为什么。因此,经济史学家可以使用经济学家提供的工具,但除此之外,他们还要能想象出事物在变成现在这个样子之前可能是什么样子。……如我这般的经济学家曾经提出,劳动分工受到市场范围的限制。也许可以把刚才我所做的,看作是建议经济学家们去扩展自己的市场,接受专业化的服务。在一个更广阔的市场上,历史学家和其他学者可以提供这些服务。(Parker, 1986:28—29)

这些杰出的经济学家提出的建议都很有用，"新经济史"学者们努力遵从。他们的做法是，对全世界从史前到最近，从不同时间、不同地点的事件中提取出来的问题进行探究。任何能从中建立文本假设的数据或信息，都是新经济史学家的目标。

探究的范围十分广泛，在其中出现了三种特别有用的技术。第一种方法是现代的计量经济学。第一代新经济史学家使用的是简单的计量经济学，这种新方法是从历史文献的数据中获得一些东西。然而，简单的计量经济学作为经济学在经济史中的新应用，看上去像是本科生用的计量经济学。使用计量经济学足以让第一代新经济史学家在一所好大学就业，但对下一代人来说是不够的。

幸运的是，这些学生＊接受过现代计量经济学的教育，并且开始将这种方法用在自己的研究中。因此，对经济史感兴趣的年轻学者能够在知名学府找到工作，并且能在顶级的经济学期刊上发表文章。例如，将我在麻省理工学院的经历与我的年轻同事多拉·科斯塔的比较一下，我主要在经济史期刊上发表文章，而且在研究中只做简单的回归。（我忍不住要说，即使我只对古罗马的贸易做了一个简单的回归，就已经让古代史学家们陷入慌乱了。）相比之下，科斯塔在研究中使用的是前沿的计量经济学，经常在重要的经济学期刊上发表文章，并且在麻省理工学院教授计量经济学。

第二种技术要用到事件分析法背后蕴藏的思想，以此来考察转折点和决策在经济史上产生的影响。不连续性能让我们知晓经济体系的结构，这些信息在运转良好的一般时期可能并不明显。法律边界体现出空间上存在不连续性，而从危机到新的发现等一系列的事件体现出时间上存在不连续性。这些重要的历史事件阐明了经济活动的结构，也为检验经济史方面的先入之见提供了证据。

第三种有用的技术是研究几代人所经历的事件，对经济史学家和发展经济学的学生们来说这是一个机会，能让他们与经济学的另外一些领域有所差别。我们可以研究人口和教育的影响，而对当前的经济进行分析时，它们往往只被设为常数。当我们追溯更久远的过往时，这两种方法会不期而遇，

＊ 指下一代的新经济史学家。——译者注

因为我们有时候会发觉，重大事件对几代人的际遇都有影响。和经济学家们惯常的做法一样，我们找到最合适的方法对过程加以思考，从另一个角度来看，可以将那些过程视为一个连续的进程。

94

14 世纪的黑死病、16 世纪欧洲人发现美洲和 18 世纪的工业革命，都是经济史上的重大事件。这些事件引人注目、影响深远，我们不断追溯这些事件，以便能更了解经济体从昔日之慢动到今时之快进，是循着怎样的路径。我们对最近发生的重大事件了解得比较多，对早期事件的研究就相形失色了。我想回到第一个重大事件，以此来说明"新经济史"让我们对这种转变的认知作出了怎样的改变，以及我们从被称为"新经济史"的集体行为中得到了多少好处。

当我开始讲授这些事件的时候，人们是以寻常的眼光去看待黑死病的。黑死病给人口带来了冲击，使劳动力供给急剧减少，土地供给却丝毫未受影响，结果是实际工资大幅上涨。菲尔普斯·布朗和霍普金斯（Phelps Brown and Hopkins, 1962）将英国实际工资的变动情形记录在册，克拉克（Clark, 2005，2007）进一步作了修订与探讨。在两篇不太有名的文章中，作者用的不只是英国的数据，还使用了欧洲大陆的数据。第一篇文章发现了豪伊瑙尔（Hajnal, 1965）所谓的"欧洲婚姻模式"*。我记得在很久以前讲授过这种模式，它由三方面构成：女性结婚晚，婚龄在 20 多岁；许多妇女根本不结婚；已婚妇女不会自动加入丈夫的家庭。据豪伊瑙尔所言，这与亚洲的婚姻模式差别很大，在亚洲，几乎所有的女性在初潮时都结了婚，并且都搬进了夫家的大家族。豪伊瑙尔观察到在近代早期存在这种模式，但他没有给出提示，说明这种模式源自何处。

第二篇文章的作者是布伦纳（Brenner, 1976），他认为黑死病引起的人口变化受到了社会和政治结构的影响。在西边——也就是英国——君主制很强，贵族很弱，这使工人们有机可乘，他们依仗自己人数上的相对稀缺性竞相抬高工资。在东边——大体上是指欧洲大陆——贵族势力很强，这让工人们难以找到更好的工作，使得劳动力的议价能力降低了，黑死病过后，东

---

* 欧洲婚姻模式（European Marriage Pattern, EMP）是一个涉及女性晚婚（23—24 岁以上）、女性独身（10%—15% 以上）、小家庭（80%）的人口体系。——译者注

边的工资并没有上涨。就农奴制而言,西欧在减少,东欧在增加。在这两个观点中,布伦纳的观点争议比较大,而且引发了广泛的争论——尽管没有人对其进行明确的假设检验。

有关布伦纳的争论很大程度上发生在经济学之外,但可以将它看作是诺思观点——重视制度的作用——的一个应用(North,1990)。布伦纳的观点使新制度经济学得以兴起。新制度经济学下汇聚了一群经济学家和经济史学家,他们所强调的是制度在形塑经济事务方面的作用。布伦纳的观点可以被重新表述为制度在黑死病产生影响的过程中所起作用的假设。西部君主制强大,东部贵族制强大,量之间存在差异,这是布伦纳的观点中对劳工加以讨论的关键所在。

新制度经济学已超出标准经济史的范围,它让人们对古希腊罗马世界的经济史又有了新的认知(Scheidel et al.,2007)。该书 * 的编者试图摆脱古代史研究中尚古主义者和现代主义者之间一直就有的对立,改用在他们看来更有成效的方法。他们在诺思的著作中找到了灵感,并且将新制度经济学应用到罗马帝国的分析中,用来解释各行省之间所存在的差异,剖析了其他古代史学家和经济史学家详细阐述过的观点(Temin,2013)。

如今,新经济史已经对这堆看起来不相关的文章做了阐释,并且重新对其加以表述。福伊特伦德和福特(Voitländer and Voth,2013)认为,黑死病使欧洲的婚姻模式得以兴起,由它所开启的进程引发了工业革命。这个论断很宏大,致使人们对西方经济史做了大幅修订。不过要想为人所理解,还要对其加以阐释。

福伊特伦德和福特认为,黑死病过后劳动力匮乏,使得农业技术发生了变化。沿着工资-租金的等生产率线移动,农民从种植农作物转向饲养牲畜,从耕种农业转向饲养业。换言之,沿着平滑的生产可能性曲线移动,潜在的技术发生了急剧的变化。黑死病过去一个多世纪以后,托马斯·莫尔[Sir Thomas More,2012(1516)]在他的《乌托邦》(*Utopia*)里对这一点表达得最为生动:"你们的羊一向是那么驯服,那么容易喂饱,据说现在变得很贪

---

* 指《剑桥古希腊罗马世界经济史》(*The Cambridge Economic History of the Greco-Roman World*)。——译者注

婪、很凶蛮,以至于吃人,并把你们的田地、家园和城市蹂躏成废墟。"

农业技术的这种调整带来的结果是,妇女在中世纪社会中的地位发生了改变。从种庄稼转而从事农牧业,对犁地的体力需求减少了,妇女可以做的工作范围扩大了。其结果是,女性在社会上的地位有了变化,阿莱西纳等人(Alesina et al.,2013)在其他时间和地点也观察到了这种变化。耕作减少了,对男性劳动力的需求减少了,对女性劳动力的需求增加了。妇女的工资提高了,她们的工作机会也增加了。女性推迟结婚,帮佣做工,变得更加独立。这反过来使欧洲婚姻模式出现了,拉斯利特(Laslett,1965)所描述的家庭模式也产生了。在社会结构上,这是一个巨大的变化,但是,变化是在豪伊瑙尔所分析的家庭层面上,而不是在布伦纳所描述的社会层面上。

将工作机会提供给妇女,这使她们推迟了结婚,并且使人口增长率降低了。其结果是,英国和几个邻近国家成为高薪经济体。福伊特伦德和福特用两种方法对这种看法进行了检验。他们使用了布罗德贝里等人(Broadberry et al.,2011)未发表的数据,估计出 1270—1450 年畜牧业产量在英国农业产出中的份额急剧上涨,从 47% 上升到了 70%。他们进行回归后发现,1600 年以后(从这一年起才有数据可查),初婚年龄既取决于畜牧业产量在英国农业产出中的份额,也与自黑死病以来英国各郡畜牧生产的增长情况有关。他们得出的结论是,畜牧生产广泛发展,使女性的结婚年龄延后了四年多。

黑死病导致工资上涨,婚姻模式的转变使工资上涨得以维持。婚姻模式的变化使妇女的结婚年龄推迟了,让人口的增长率降低了。适应了最初的冲击以后,人们的收入持续增长。这反过来又使得人们的饮食中对肉类的需求增加了,当然,畜牧业增多可以满足这方面的需求。整个模式与黑死病很契合,这是一场冲击,使家庭和经济体从一种均衡转向另外一种均衡。

96　　这些都与艾伦的观点一致,他认为工业革命是由高工资经济体引发的。实际上,福伊特伦德和福特可能至少在一定程度上受了艾伦研究的启发。艾伦(Allen,2009a)认为,工业革命最初的创新源自生产者的小修小补,为的是降低昂贵的劳动力成本,并从廉价的动力中获益。艾伦等人(Allen et al.,2005)在其他研究中意识到,西欧工资普遍较高,针对这一问题,艾伦又做了一些努力,证明由这些原初的创新带来的边际收益还不够高,法国或荷兰都难以从中获利(Allen,2009a,2009b)。

艾伦(Allen,2013)在最近的一项研究中指出,北美的工资和能源价格非常接近英国的模式,使得政策措施——如关税、教育和基础设施投资——为工业化创造了有利的条件。一旦最初的工业生产率水平有了提升,西欧国家也会遵循英国的模式,这显然没错。这些西欧国家不具备能使工业革命最初的创新有利可图的要素价格,但是让这些创新进一步发展,这些国家就能够以跟英国差不多的要素价格获利。而且正如艾伦所言,随着工业化的扩展,政策变化对于工业化的扩张也有所助益。

但这一切都发生在福伊特伦德和福特所描述的高工资地区。他们指出,欧洲婚姻模式仅从大西洋延伸到圣彼得堡(St. Petersburg)至的里雅斯特(Trieste)一线。亚洲或非洲的其他国家/地区属于低工资经济体,在工资方面经受着马尔萨斯压力,其要素价格与英国的要素价格相去甚远。在印度或埃及,经济政策微小的变化不足以让工业化变得有利可图。因此,将黑死病与工业革命联系起来的故事,也是讲述在过去两个世纪里为何欧洲最容易实现工业化的故事。

综合分析后可以发现,这些具体的文章将一代新经济史学人的文章进行了拓展,并且将其统一了起来:一派研究不同时期、不同地点实际工资的情况,在以前未有疑问的地方寻找证据;另一派将金融史追溯至农业经济,揭示出迥然不同的经济运行指数;还有一派一直在洞察经济史中奇怪而有趣的方面,它们乍一看似乎只是孤立的奇闻,但后来又成了争论的一部分,关乎如何将所有这些派别组合在一起。

新经济史领域最近的这些文章产生了三方面的影响:首先,它们改写了罗马帝国灭亡后不久到现在西方国家的历史;其次,这些文章为我们了解经济史在经济系的地位提供了指引;最后,它们提请人们注意改变发文策略。我将依次对这些影响加以考量。

戴维·兰德斯(Landes,1998)在西方经济史领域的权威研究从美洲的发现讲起。欧洲的扩张固然是一个重要的事件,但我们现在已经知晓,高工资的故事并非从这里开始。西欧的高工资可能始自美洲土地的开放,由此导致土地与劳动力的比率上升。但我们现在认识到,高工资经济体发轫于几个世纪前黑死病引致的人地比例下降。去往新世界的商业在增长,这得益于英国与荷兰航运和公共事业的发展,由此带来的繁盛使伦敦和阿姆斯特丹的工资水平特别高。欧洲的扩张是故事重要的组成部分,但它不是故事的开端。

西欧发展故事的另外一部分,是在黑死病与欧洲扩张的间隙发明了印刷机。印刷机这项创新显然能节省劳力,人们很容易将它看成是由高工资催生的。然而,迪特马尔(Dittmar,2011)认为,印刷机的传播与距离其发源地美因茨(Mainz)的远近更相关,与要素的价格关系不大。从这个论述来看,迪特马尔认为印刷机跟珍妮纺纱机不同,它并未使边际成本有了革新,而是随着知识的传播让成本间断地发生变化。这个观点只能说是部分正确的,因为印刷机开始传播后一世纪左右的时间里,它只存在于有欧洲婚姻模式的地区。

这个例子很简单,但是揭示的故事很复杂,此处只是叙述了其中梗概。我们要去填补缺失的故事,提供一部新历史来揭示创造出西方历史的各种冲击的组合,从而奠定西方的历史。尽管这个故事依据简单的经济学写就,但它需要对简单的马尔萨斯式故事进行一些修改。对于西欧的高工资经济体而言,它们不仅仅是围绕着一个既已存在的标准在波动,它们达到了新的均衡,人口围绕这个均衡上下波动。需要对马尔萨斯模型加以扩展,纳入生产和分配方面重要的变化,比如说黑死病之后的那些变化。首先从一个令人沮丧的结论——实际工资不可能长期高于维持生计的水平——中解脱出来的,并不是工业革命。

这个故事很重要,但如何将它融入现代的经济学系中?我认为,经济史和发展经济学都应该被视为与现代经济增长有关。不同之处在于,经济史历来将注意力放在刚才讨论的高工资经济体上,而发展经济学则关注欧洲以外的低工资经济体。这两项研究密切相关,都对采用新技术的经济体的增长加以分析,都对人们采用新创新的动机加以关注。

如今,高工资经济体和低工资经济体在所使用的技术上存在着很大的差距,反映出这两类经济体实际工资方面的差异还不小。如果我们想使低工资经济体达到高工资经济体的水平,就必须改变高工资经济体中使用的技术,或者改变低工资经济体中要素的价格。这在研究和政策上是两个不同的方向,二者互为补充。如果妇女的教育和就业对人口起到了抑制作用,那么穷国的工资就会提高，这会使现代的技术更为合宜。如果像手机这样的技术创新使对其有用的要素价格范围扩大了，这也将会对经济发展起到促进作用。

一旦将经济史和发展经济学视为同一枚硬币的两面，经济史学家和发展经济学家之间存在有趣的交叉互融。一个有趣的因素，是经济变革所涉及的时间。当今的世界似乎在快速地发展着，但现在看来，欧洲的故事从14世纪延伸到了18世纪。这两个领域之间如何相互影响？这是一个有趣的问题，可能会为如何更快地进行变革提供方案。

这就引出了欧洲新经济史的第三个影响，即我们必须对发表的策略进行改变。福伊特伦德和福特将他们研究欧洲历史的文章发表在《美国经济评论》上，而艾伦在《经济史杂志》上发表他关于经济发展的见解。这些论文是为他们各自的期刊撰写的，仅仅让他们的立场对调一下（如果可能的话）是没有意义的。相反，我们需要考虑如何将信息传达给相关的受众。我们怎样才能让历史学家明白，他们必须从黑死病开始讲述现代欧洲的故事？我们如何才能让经济学家明白，他们在开始分析政策干预时必须考虑要素的价格？

我心生犹豫，不知该如何向这些久负盛名且成果丰硕的经济史学家们提出建议，告诉他们怎么去做这件事，但我这样做了，目的是去说明新经济史的立场自相矛盾。上述成果是在许多新经济史学家的努力下达成的，同样，若要将这些成果传达给合适的受众，和衷共济可能是最有效的方式。

福伊特伦德和福特需要做出改变，从提出假设检验（这是新经济史的标志），转变为陈述历史学家会欣赏的故事。他们需要将自己的检验放在西欧历史的叙述中，将采取欧洲婚姻模式的地区与没有采取欧洲婚姻模式的地区作一区分。我建议他们在学术背景中将一些论著列入，但叙述的重点应该被放在故事的讲述上——去讲述欧洲历史上一个关键时期的一则令人信服的故事。

艾伦要做的正好相反，要从他非常出色的文稿中提取出假设检验，使其可以在一本好的经济学期刊上发表。他能将自己的检验锚定在类似于阿西莫格鲁和齐利博蒂（Acemoglu and Zilibotti, 2001）的理论上，从而在发展经济学和经济史之间架起一座桥梁。他可能会在最近的研究中加入他对珍妮纺纱机适用性的检验(Allen,2009b),或者会加入图表,但这篇文章必须要为他在会长致辞中提出的整体命题(Allen,2013)。* 当然,当前的经济学文章所夸示的那些花里胡哨的东西它也得有。

当然,这些建议完全可以被当作耳旁风。不过,它们也确实说明了新经济史中的悖论。新经济史学家已经背弃了传统的历史学家,转而在经济学家中谋求自己的一席之地。这为许多学者提供了良好的工作机会,但他们仍未完全被经济学家接纳。因此,我们面临着两个挑战:第一个挑战是,去论证只有了解高工资经济体和低工资经济体相异的历史,才能充分理解经济的发展。另一个巨大的挑战是,将我们在经济学上取得的成果,转化为历史学家会有欲望阅读的历史镜鉴。这些挑战源自我们身处经济学和史学之间,对于新经济史的未来而言,二者都很重要。

99　　　这些论文标志着新经济史取得的成就,但是还不够广泛。因此,在本文的结尾处,我将用一种我个人偏爱且又特殊的方式,对新经济史领域各式各样的成果进行述评。应该能看出,我所论及的,大多是马萨诸塞州剑桥市及周边地区的人,或是其他地方我认识的人。

首先,我要谈到讨论欧洲扩张的论文,但它们分析问题的角度不同。黑死病改变了欧洲,但并未对世界其他地方的人造成损失。几个世纪以后,欧洲的扩张在欧洲经济史上并不算重大事件——如果你相信我刚才讲述的故事——但欧洲之外却深受其害,并且影响深远。

梅利莎·戴尔(Melissa Dell,2010)考察了西班牙在南美洲的银矿所产生的影响,这些银矿使欧洲在16世纪发生了恶性通胀。波托西(Potosi)和万卡韦利卡(Huancavelica)的银矿和提炼银的汞矿,都是在"米塔"(mita)制度下由当地的劳工经营的。1573—1812年,安第斯山脉(Andes Mountains)矿井附近的村庄被要求提供七分之一的成年男性来轮替工作。戴尔比较了受"米塔"制度管制的村庄与邻近村庄的现状,揭示了这种劳动制度的影响。

戴尔用了上面列出的三种技术,发现在欧洲扩张了五个世纪以后的今天,"米塔"制度的影响依然明显。她使用了"断点回归方法"(regression discontinuity approach),来考察"米塔"制度存在的地区的边缘地带的情况。鉴

---

* 罗伯特·艾伦于2012—2013年担任经济史协会会长。——译者注

于她研究的时段长，地理条件又复杂，这项工作并不容易。戴尔用到了两点：一是西班牙人的偏好，他们偏爱使用靠近矿山和来自安第斯高地的工人；二是现代的制图技术，它可以显示任何位置的海拔高度。戴尔发现，"米塔"制度长期的影响是，它使家庭消费减少了四分之一，显著地导致在这些低收入水平下的儿童发育迟缓。

这个重大的发现引出了一个显而易见的问题：西班牙剥削的负面影响怎么会持续几个世纪？戴尔所作的解释围绕庄园（haciendas）展开，庄园是一种带有附属劳动力的乡村地产，能让人联想起中世纪的庄园。西班牙人为了能保证顺畅地获得所需要的劳动力，不鼓励在实施"米塔"制度的区域发展庄园。在这里，我们会看到罗伯特·布伦纳论点的一个反转，他认为黑死病过后，地方的贵族通过限制劳动力市场的范围来压迫工人，而庄园会阻碍西班牙中央政府进入劳动力市场，以此来限制其对工人进行剥削。

庄园利弊皆有。一方面，在"米塔"制度结束以后，它们通过从法律规则到身体暴行的强制行径来进行扩张。另一方面，庄园主们修建了道路，将高地城市和低地城市之间的市场连接起来。在近代早期欧洲和北美高工资经济体的历史上，进入市场似乎是一个关键因素，它似乎对南美的低工资经济体也产生了类似的影响。值得注意的是，庄园不可能成为未来进步的根源所在，它们在1969年被废除了。

内森·纳恩（Nathan Nunn, 2008）考察了欧洲扩张对非洲劳动力市场还有哪些影响。美洲的奴隶制在新世界产生了什么影响？一直以来，众多的研究项目均将其作为主题。纳恩反过来诘问，奴隶贸易对非洲有什么影响？换言之，纳恩并没有审视奴隶及其后代的情况，而是研究了那些逃离了这种命运的人。纳恩和梅利莎·戴尔一样，发现有害的影响长期存在。

大西洋的奴隶贸易在两个世纪以前就结束了，但内森·纳恩发现，在这些非洲国家中，每平方英里被带走的奴隶越多，现在的人均GDP就越低。和"米塔"制度一样，奴隶贸易已经消失了，但其影响依旧存在。纳恩确信，奴隶贸易是因，经济发展是果，而不是相反，或者也不应将经济发展问题归咎于其他原因。有一个例子是，奴隶并非从以前秩序井然的地区被掳走，而要作反向推论，即最有组织的地区出口的奴隶最多。

对这种际遇逆转的解释是，用于出口的奴隶是通过村庄或国家之间相互

100

劫掠而获得的。从奴隶出口中可以获得利润,这种诱惑对乡村联盟的扩展和种族认同的增长起到了阻碍作用。猜疑和不信任使得国家难以形成。当前的发展研究认为,非洲种族林立,阻碍了经济增长,这是老生常谈。纳恩至少在一定程度上解释了为什么非洲会有这么多种族。

可以对这个观点加以概括。达斯古普塔(Dasgupta, 2007)认为,信任是经济繁荣的基础。他用经济学对这一命题简要地进行了总结。达斯古普塔的讨论是这样展开的:他首先将一个美国女孩的情况和一个埃塞俄比亚(内森·纳恩也考察了埃塞俄比亚的情况)女孩的情况进行了对比。这项冷僻的探索针对的是一种已经不复存在的活动,关注的是它持久的影响力,直抵经济学的核心。

我在前面说过,新经济史关注高工资的经济体,而在这段述评开头讲到的两篇重要的论文都与低工资经济体有关。我们通过这些文章可以看到,经济史和发展经济学怎样通力合作,共同绘制世界贫穷经济体完整的图景,从而制定出富有成效的经济政策。对经济史和发展经济学来说,这些文章都贡献卓著。

现在来谈谈对美国经济史作出贡献的文章,我要从前面提到的《苦难的时代》开始讲起。这项研究具有革新精神,文中使用的新数据非常多,明确进行了经济学推理,得出的结论出人意料。它不仅引发了争议,而且成了新经济史的标志——它既有优点,也可能存在一些不足。这本书的结论受到其他经济史学家和范围更为广泛的其他学者的质疑(David et al., 1976)。

今天,这场讨论有一个方面出乎意料地与现实相关。福格尔和恩格尔曼假设奴隶要支付自己的养育费用,以此来衡量他们所谓的对奴隶的剥削。与较为常见代际传承的家庭模式,即父母养活子女的模式不同,他们假设奴隶是孤立的个体,需要向奴隶主"借"饮食之资,然后才去工作。这样一来,成年奴隶收入低,更多地被释读为是在偿还这些借贷之资,而不是被剥削。

在批评福格尔和恩格尔曼的人看来,用这个论点来描述 19 世纪显得很奇怪,但若要用它来描述 21 世纪,似乎还是很准确的。当然,奴隶制早已不复存在,但它的影响依旧很大。从马戈(Margo, 1990)的描述来看,19 世纪晚期为自由奴隶提供的教育机会很贫乏,而如今城市地区的教育也显现出

101

存在类似的模式——有意的忽视。随着时间的推移,童年和受教育的时间变得越来越长,如今,体面的教育将大学也包括在内。

20世纪下半叶,贫困学生可以在公立大学接受教育,成本不高,学费由他们父母那一代人以税款来补贴,这是对公立学校的延伸。但是,由于20世纪末和最近几年各州资金愈发紧张,削减公立大学开支成了各州阻力最小的选择。如今,州立大学基本上是私立的,州政府的资金在其开销中所占的比例很小。大学提高了学费,以此来弥补收入的亏蚀,这使美国年轻人重新回到了奴隶的境况——与福格尔和恩格尔曼假设的别无二致。

明智的人和政治家告诉我们,联邦债务将给我们的孩子带来负担,必须让它降低。但是,年轻人真正要负担的是教育上的债务,这是由国家的教育政策造成的。我们的孩子必须对自己的大学教育负责,这已成为他们工作规划的重要组成部分。他们在大学毕业时就背上了巨额债务,多达10万美元,有的甚至更多,即使是那些没能毕业的学生,在离开大学时也欠资甚巨。大学债务已经超过了信用卡欠款,而总统和国会在收取多少利息上争论不休。

这种历史相似性有一定的意义,它也是应将新经济史与当前的经济学相融合的另外一个原因。上述讨论甚至可以延伸到宏观经济学中,因为许多年轻人负债累累,在未来几年中,负债会抑制他们的消费。(福格尔)假定中的奴隶要向奴隶主偿还债务,与此类似,如今债台高筑的年轻人消费不高。学生未偿还的债务金额巨大,其中暗含着的意思是,这种低消费可能会拖累美国从全球金融危机中复苏。

科斯塔和卡恩(Costa and Kahn,2008)在一项关于美国内战士兵的研究中考察了社会债务问题。他们对士兵在作战时和被俘后的互动加以考量,以找出朋友和战友产生了怎样的影响。科斯塔和卡恩发现,一些士兵愿意为其他人去冒生命的危险(英雄),而另一些士兵更像是基础经济学中的经济人(懦夫)。为了弄明白其他问题——社区联系产生了怎样的影响,以及提出各种需要考量的假设,他们还将触角伸向了社会科学的其他领域。他们的研究也让人想起亚当·斯密:他们使用来自《国富论》(The Wealth of Nations)的工具,就《道德情操论》(The Theory of Moral Sentiments)的话题提出疑问。

霍恩贝克(Hornbeck,2012)拓展了我们的认知,让我们领略到了就长期而言,经济变迁对自然灾害产生了怎样的影响。人们认为大萧条是一个宏观经济事件,但20世纪30年代的沙尘暴是美国经历的重要组成部分。* 霍恩贝克和梅利莎·戴尔一样,也使用了断点回归的方法,将土壤贫化与其他因素的影响区分开来。在土壤侵蚀严重的县份,地价下跌了30%。

霍恩贝克想找到类似于福伊特伦德和福特所发现的,黑死病过后的那种生产替代,但他发现在相关的成本曲线上几乎没有变化。相反,他发现人们迁移出了尘暴区,而不是调整自己的农业实践,来适应新的条件。前往加利福尼亚的移民被称为"欧开伊"**,他们显露出另外一条适应变化的路径。正如霍恩贝克所言,最近美国劳动力对就业机会的其他变化进行调整时,这种地理上的调整很典型(Blanchard and Katz, 1992)。

尘暴区地价下跌,与此类似,最近房产热结束后房价也在下跌。许多抵押权人发现自己"水深火热",他们的贷款额已经超过了房屋的价值。各种形式的救助都被尝试过了,但银行拒绝减计他们的贷款。结果是,许多人因为抵押贷款尚未偿还,无法随心所欲地消费或者搬迁。由此带来的宏观经济效应,与我在教育贷款中所提到的情形一样。消费下降,无法通过地域流动来应对劳动力市场上的困难。美国的新经济史表明,能够让我们从天灾人祸中恢复过来的一些因素,我们目前还未掌握。

最后,除了黑死病以外,新经济史还让我们知晓了最近在人口方面发生的一些事件。美国的二战士兵归来后引发了"婴儿潮",而此前长时期的萧条使出生率降低了。"婴儿潮"一代在以后的岁月中的状况如何?伊斯特林

---

* 黑色风暴事件(Dust Bowl),或称"肮脏的三零年代"(Dirty Thirties)是1930—1936年(个别地区持续至1940年)发生在北美的一系列沙尘暴侵袭事件。狂风和让人窒息的沙尘席卷从得克萨斯州到内布拉斯加州的地区,使得整个地区不少人和牲畜丧命,农作物歉收。黑色风暴事件加剧了大萧条对经济的沉重打击,迫使许多农业家庭绝望地迁移,以寻找工作和更好的生活条件。——译者注

** 1935—1940年,大约25万俄克拉荷马州移民移居加利福尼亚州。这些尘暴难民被称为"欧开伊"(Okies)。"欧开伊"到达加利福尼亚州后面临歧视,只能从事体力劳动,并只能获得非常低的工资。他们中许多人住在灌溉沟区的棚户区和帐篷中。"欧开伊"很快成为一个贬义词,用来指代任何贫穷的尘暴移民。——译者注

(Easterlin, 1987)对此进行了研究。他发现学校里人满为患，劳动力的竞争加剧。他的一个新发现是，人口冲击的影响持续存在，这一点很重要。"婴儿潮"一代在老去，他们的问题也随着他们的年龄老化。例如，随着"婴儿潮"一代达到退休年龄，政客们担心社会保障体系如何才能应付得了他们。一个总统委员会历经多年，将正常的退休年龄从65岁提高到了67岁，为应对这一冲击做好准备。更多的变动尚在讨论之中。研究城市的经济学家现在甚至在问，战后美国郊区的发展问题是否已经过时，"婴儿潮"一代所有的孩童都住在这些郊区。在这一点上，因果关系尚不清楚，但是出生率较低，技术不断变化，这些已经开始对生活模式产生影响了。新经济史对于刚刚开始的历史进程并没有太多话可讲，但伊斯特林研究的历史与分析这些运动的经济学家的工作脱不开关系。

现在，让我们将注意力转向被新经济史所阐发的好运上来。纵然经济学这门科学让人沉抑，但经济史未必如此。新经济史已经阐明了（史上）最有利的冲击是什么，这在上文已经提及。工业革命是一场重大变革，其影响仍然伴随我们左右。艾伦（Allen, 2009a）使用了新经济史的工具，证明了高工资和低能源价格两相结合产生了工业革命。如前所述，工业革命是如此重大的一个历史事件，这方面的文献浩如烟海，而且仍在推陈出新。在此，我只能略微提及。

相反，我将重点放在对在经济转型中受损的人造成的持续性伤害有什么好的模拟上。克拉克（Clark, 2014）使用了大量的数据（这是新经济史的特征），让人们看到个人总体地位的变化有一半由他们的血统决定。克拉克及其同事证明，从美国到中国和日本，从瑞典到印度，情况都是如此。从他们的数据来看，趋均数回归（regression to the mean）很明显，但这个过程历经了数百年。

他们的方法是用姓氏来确定后系承袭。克拉克及其同事没有依靠并不常见的人口普查和家庭记录，而是找出了一些非同寻常的名字，它们是某些历史时期的繁荣景象下特有的。然后，他们查看了繁荣情况和社会地位方面最新的数据，来检视这些名字所占的比例是否过高。令人惊讶的是，在许多国家，在很长一段时间里，确实都是如此。

社会地位是否持久？费列一直以来都在研究美国的人口流动，最近他为

103

上述观点提供了佐证（Ferrie，1999）。朗和费列（Long and Ferrie，2014）在最近的一篇文章中使用更为人熟知的方法，对人口普查中的家庭予以识别，将一般对两个世代的社会流动进行的研究扩展到三个世代。他们发现，社会地位持续三代人的情况比持续两代人的多。很明显，无论是个人的流动，还是任意一代人的流动，其中都存在大量的噪声。但是若将研究的时间延长，则可证明稳定性更强。

戈尔丁和卡茨（Goldin and Katz，2008）使用了不同的方法，对20世纪美国不同群体的相对际遇进行了分析。他们将重点放在教育上，重点关注受过教育的工人（因此是技术工人）与未受过教育的工人（非技术工人）之间的差异。技术的进步决定了对劳动力的需求，而供给和需求的相互作用表现为教育和技术竞相角逐。这个比喻十分生动，让教育和技术的许多决定因素都大大简化了。在他们的著作中，他们对这些复杂问题进行了非常详细的探究。

这篇文献在今天尤其重要。研究就业分布的经济学家们发现，计算机的发展已经让对劳动力的需求消失殆尽。人们对低薪工作和薪酬相当高的工作都有需求，但对工厂工作的需求却在下降，而二战后，工厂工作在就业增长中曾是中流砥柱。这就需要对劳动力的简单的宏观经济学重新加以考量，因为技术的不同方面会对劳动力供给的不同部分产生影响。新经济可以提供历史背景，让我们领略若干重要的启迪。在此之前的几代人中，技术自然一直会对工资结构施以影响。为探索在这一领域有什么有效的政策，必须同时将教育（供给）和技术（需求）方面的进步纳入考量。而且，正如戈尔丁（Goldin，1990）在女性工作的历史中所观察到的，参与这类变革的人无法预测他们最终会落到什么地步。

现在，我将不再不痛不痒地对经济史进行论述，我要试着从更广阔的角度来对新经济史的未来进行思考。我不喜欢对别人的工作挑挑拣拣，我无法想象除了方法论之外还能提供什么信息。这里只是简单地选取了一些研究，并不能让我们直接得出实质性的结论，这恰恰表明了新经济史的范围：从时间上讲，研究主题将早期的历史和最近的事件都涵盖其中；从空间上讲，研究主题遍布各大洲。如果说有什么可靠的预测，那就是发现新数据，并将新方法用于已有的数据，这将会使研究的地理区域更为广阔，研究的时间范围更加宽泛。

如前所述,新经济史有两个方面是该领域学术发展的关键所在。其一是
把重点放在经济结构的载体——制度上,它历经几代人,有时甚至会跨越几
个世纪。其二是关注因果关系,手段是富有想象力地使用识别方法。

制度很重要,这一点不可否认,但它在研究中扮演什么角色,这一点尚
存疑问。这一传统受到了诺思(North,1990)的启发,延续这一传统的新制
度经济学也为其提供了支撑。正如上文所言,新经济史经常呼吁,要重视在
各种短期变革的长期影响中,制度起到了什么作用。但是,尽管计量经济学
在这些研究中表现良好,但对制度变迁的描述往往未经充分分析。格雷夫
(Grief,2006)试图对相关的问题加以澄清,但他所考量的制度理论可能使弄
清制度如何变迁的实证工作更加困难。有一个问题是,制度方面的证据往
往是定性的,而不是定量的。我们需要找到方法,来对以前被认为不可量化
的东西进行量化。此外,制度往往很少变化,或者变化得非常缓慢。最后,
如何对所论及的制度加以界定? 这一点通常并不是很明确。美国的道德水
平下降了吗,甚至是否要将道德视为一种制度框架呢? 对这些问题还需要
做更多的研究。

新经济史的另一个特点是它注重因果关系,这往往需要具有很强的辨识
策略,以理清决策各方的动机。正如上文简单选取的一些论著所示,新经济
史学家意识到了这个问题,并且他们在确定供给或需求影响的过程中做过
很多思考。福伊特伦德和福特竭力去证明黑死病实际上是西欧人口转型的
原因,艾伦对许多其他国家的要素价格作了比较,来为他对工业革命的解释
提供支撑。戴尔和霍恩贝克使用地理边界来确定他们故事中的因果要件
(causal element)。

最后,让我用两个例子来阐明这些观点。一例来自年轻的新经济历史学
家,另一例来自我们部族的老成员。一个路远迢迢,一个年深岁久。它们都
提到了瘟疫的后果。

第一个例子由中国的经济史学家李丹和她的合作者提供(Li and Li,
2014)。新经济史的版图扩展到了亚洲,李丹和她的合作者涉足其中。最
近,有一篇文章对研究千年以来中国经济制度和宏观经济历史的文献进行
了梳理(Brandt et al.,2014)。文章认为,经济史为时下的选择点了一盏明

灯——我在(你们)更熟悉的场合下也强调过这些。李丹和她的合作者对20世纪初中国东北的移民进行了研究,这些移民的行抵之处刚刚遭遇了一场疫病。疫病致使人口缩减,有的地区要更严重一些。在之后的几年里,前往疫病肆虐的地区的人比其他地区的移民境况要好。问题是,为什么移民会在疫区定居? 换言之,这种福分是安排好了的,还是运气使然?

没有关于个人抉择的记载,也没有针对为什么移民会选择特定目的地的问卷调查。李丹和她的合作者(Li and Li, 2014)用他们的数据对已有数据中去了不同地区的移民作了区分。他们发现,社会经济地位较高的移民会避开被瘟疫侵袭的村庄。在中国东北,移居到疫区的人最不可能混出个所以然来。

第二个例子来自一次会议,会上有人对古代的世界进行了量化分析。我的第一反应是,"古代的数据"这种说法自相矛盾。但转念一想,定性的数据——即使只是当今古代史学家的观点——也可以拿来量化。只要选择以二进制的方式对数据进行量化,这个过程就可以操作,而这在我们现代的电子设备上是常用的做法。以此来衡量,通货膨胀要么存在,要么不存在;政治要么稳定,要么不稳定。美国经济史学家会认可这种做法。罗默(Romer, 1986)就用这种技术对整个20世纪商业周期的严重程度做了比较。她必须调低近期数据的精确度,使其与旧时的数据具有可比性。必须对所需信息加以简化,以便对全部的信息进行量化。

量化可以就变量出现的时间作出判断。实证结果是通货膨胀和政治不稳定是同时出现的。这表明二者具有共同的原因,而且大概还是它们以外的其他可能的原因。我找到了一个可信的外生变量,它能将通货膨胀和政治不稳定的互动过程一起启动。我认为,通货膨胀和政治不稳定都可以归咎于此前的安东尼瘟疫(Antonine Plague)。我将我的著作推荐给大家,书中详细介绍了罗马帝国从早期到晚期所发生的变化,而这在世界历史上是一项重要的制度变革(Temin, 2013)。

最后举这两个例子只是为了强调常见的技术在新研究领域的扩展,以及提供给新经济史的机会。如果说这份关于我们曾经去过哪里、我们现在身处何处,以及我们未来会去向何方的述评有一个主题贯穿其中,那就是经济史和发展经济学领域可以从彼此的互动中学到很多。

参考文献

Acemoglu, D., Zilibotti, F. (2001) "Productivity Differences", *Q J Econ*, 116: 536—606.

Alesina, A. F., Giuliano, P., Nunn, N. (2013) "On the Origin of Gender Roles: Women and Plough", *Q J Econ*, 128: 469—530.

Allen, R.C. (2009a) *The British Industrial Revolution in Global Perspective*. Cambridge University Press, Cambridge.

Allen, R.C. (2009b) "The Industrial Revolution in Miniature: The Spinning Jenny in Britain, France, and India", *J Econ Hist*, 69: 901—927.

Allen, R.C. (2013) "American Exceptionalism as a Problem in Global History", *J Econ Hist*, 71: 901—927.

Allen, R. C., Tommy, B., Martin, D. (eds) (2005) *Living Standards in the Past: New Perspectives on Wellbeing in Asia and Europe*. Oxford University Press, Oxford.

Blanchard, O.J., Katz, L.F. (1992) "Regional Evolutions", *Brook Pap Econ Act*, 1: 1—75.

Brandt L, Ma D, Rawski, T.G. (2014) "From Divergence to Convergence: Reevaluating the History Behind China's Economic Boom", *J Econ Lit*, 52: 45—123.

Brenner, R. (1976) "Class Structure and Economic Development in Pre-Industrial Europe", *Past Present*, 70: 30—75.

Broadberry, S., Campbell, B. M. S., van Leeuwen, B. (2011) *Arable Acreage in England, 1270—1871*. Unpublished.

Clark, G. (2005) "The Condition of the Working Class in England, 1209—2004", *J Polit Econ*, 113: 1307—1340.

Clark, G. (2007) *A Farewell to Alms: A Brief Economic History of the World*. Princeton University Press, Princeton.

Clark, G. (2014) *The Son also Rises: Surnames and the History of Social Mobility*. Princeton University Press, Princeton.

Costa, D., Kahn, M. (2008) *Heroes and Cowards: The Social Face of War*. Princeton University Press, Princeton.

Dasgupta, P. (2007) *Economics: A Very Short Introduction*. Oxford University Press, Oxford.

David, P. A et al. (1976) *Reckoning with Slavery: A Critical Study in the Quantitative History of American Negro Slavery*. Oxford University Press, New York.

Dell, M. (2010) "The Persistent Effects of Peru's Mining Mita", *Econometrica*, 78: 1863—1903.

Dittmar, J. E. (2011) "Information Technology and Economic Change: The Impact of the Printing Press", *Q J Econ*, 126: 1133—1172.

Easterlin, R. A. (1987) *Birth and Fortune: The Impact of Numbers on Personal Welfare*. University of Chicago Press, Chicago.

Ferrie, J. (1999) *Yankeys Now: Immigrants in the Antebellum United States, 1840—1860*. Oxford University Press, New York.

Fogel, R. W., Engerman, S. L. (1974) *Time on the Cross*. Little Brown, Boston.

Friedman, M., Schwartz, A.J. (1963) *A Monetary History of the United States, 1867—1960*. Princeton University Press, Princeton.

Goldin, C. D. (1990) *Understanding the Gender Gap: An Economic History of American Women*. Oxford University Press, New York.

Goldin, C.D., Katz, L.F. (2008) *The Race Between Education and Technology*. Harvard University Press, Cambridge, MA.

Greif, A. (2006) *Institutions and the Path to the Modern Economy: Lessons from Medieval Trade*. Cambridge University Press, Cambridge.

Hajnal, J. (1965) "European Marriage Patterns in Perspective", in Glass, D.V., Eversley, D. E. C. (eds) *Population in History*. Edward Arnold, London.

Hornbeck, R. (2012) "The Enduring Impact of the American Dustbowl: Short- and Long-Run Adjustments to Environmental Catastrophe", *Am Econ Rev*, 102:1477—1507.

Keller, M., Keller, P. (2001) *Making Harvard Modern*. Oxford University Press, New York.

Landes, D.S. (1998) *The Wealth and Poverty of Nations: Why Some Are So Rich and Some So Poor*. Norton, New York.

Laslett, P. (1965) *The World We Have Lost*. Methuen, London.

Li, D., Li, N. (2014) "Moving to the Right Place at the Right Time: The Economic Consequences of the Manchurian Plague of 1910—1911 on Migrants", paper presented at the 10th Beta workshop in Historical Economics, Université de Strasbourg, Strasbourg, May 2014.

Long, J., Ferrie, J. (2014) "Grandfathers matter (ed): Occupational Mobility Across Three Generations in the U. S. and Britain, 1850—1910", paper presented at the modern and comparative seminar, LSE, london, Feb 2014 http://www.lse.ac.uk/EconomicHistory/pdf/Broadberry/acreage.pdf.

Margo, R.A. (1990) *Race and Schooling in the South, 1880—1950*. University of Chicago Press, Chicago.

North, D.C. (1990) *Institutions, Institutional Change, and Economic Performance*. Cambridge University Press, Cambridge.

Nunn, N. (2008) "The Long-term Effects of Africa's Slave Trades", *Q J Econ*, 123:139—176.

Parker, W.N. (ed) (1986) *Economic History and the Modern Economist*. Basil Blackwell, Oxford.

Phelps Brown, H., Hopkins, S.V. (1962) "Seven Centuries of the Prices of Consumables, Compared with Builders' Wage Rrates", in Carus-Wilson, E. M. (ed) *Essays in Economic History*. St. Martin's Press, London, pp.179—196.

Romer, C. (1986) "Is the Stabilization of the Postwar Economy a Figment of the Data?", *Am Econ Rev*, 76:314—334.

Samuelson, P. A. (1947) *Foundations of Economic Analysis*. Harvard University Press, Cambridge, MA.

Scheidel, W., Morris, I., Saller, R. (2007) *The Cambridge Economic History of the Greco-Roman World*. Cambridge University Press, Cambridge.

Temin, P. (2013) *The Roman Market Economy*. Princeton University Press, Princeton.

Thomas More, S. 1478—1535 (2012) *Utopia*. Penguin, London.

Voitländer, N., Voth, H-J. (2013) "How the West 'Invented' Fertility Restriction", *Am Econ Rev*, 103:2227—2264.

第五章

作为人文经济学的经济史：
经济学的科学分支

迪尔德丽·南森·麦克洛斯基

摘要

　　智识领域任何关于"×的未来何去何从"的文章,都有一个深邃的智力难题,而这个问题具有经济学的性质。不管我们是否喜欢,未来都将到来。我们对未来的结果下注,这会决定我们的个人成就。但若是凭着研究计量经济学,或是追随沃伦·巴菲特就能做出良好的预测,那么我们所有人都会高于平均水平,就像乌比冈湖的情况一样。但是我们不能。所以说实话,此类讨论实际上探究的是"我希望经济史成为什么样子",因此,我也能顺带做些不切实际的"预测"。

关键词

计量史学　科学　经济史

引　言

智识领域任何关于"×的未来何去何从"的文章，都有一个深邃的智力难题，而这个问题具有经济学的性质。问题是：如果你我聪明到通晓其答案，那么我们就会变得富有。如果有人能够预测某事之未来，比如说数学之未来，她就可以在现在和未来之间进行套利。正如讽刺歌曲作家汤姆·莱勒很久以前所言，她会将其"先出版"，她将通过与自己的喜好有关的方面获得财富，亦即不朽的名望。她会是21世纪的欧拉。

其中缘由与更明显的经济原理相同，即对股市、房价或裙摆长度进行预测并无多大用处。用好莱坞从业者的话来说，就是"无人知晓"（nobody knows anything）。《洛奇》大获成功，并不意味着《洛奇》系列电影都会成功。当然，我们需要做预测，我们也必须在上面下注。不管我们是否喜欢，未来都将来临。作为电影制片人，抑或作为数学家，我们所下赌注将决定我们的个人成就。若是凭着研究计量经济学，或是追随沃伦·巴菲特（Warren Buffett）就能做出良好的预测——比一般下注者在赌场或远期市场上赚的还要多——那么我们所有人都会高于平均水平，就像乌比冈湖*的情况一样。这是不可能的。

因此，用真实明白的话讲，此类讨论实际上是关于"我希望经济史成为什么样子"。因此，我也能顺带做些不切实际的"预测"。

经济史成了什么样子？

实事求是地说，实际上我认为，在未来十年左右的时间里，经济史很可

---

*　乌比冈湖（Lake Wobegon）是美国幽默作家加里森·基勒（Garrison Keillor）虚构的小镇，由此引申出的"乌比冈湖效应"指几乎所有人都会认为自己比真实情况更好、更强大、更有能力，但这实质是一种自我拉抬偏差的心理误区。——译者注

能继续由科学主义主导，而与实际的科学大相径庭。科学主义是这样一种信念：只有遵循一位业余哲学家五十年前或一两百年前制定的科学方法，你才是科学的。在计量史学中，一切都应该是定量的，因为那样我们就是科学家了。（我曾经相信这一点，所以我知道。）在科学领域，一般来说，所使用的方法应该是培根式的（Baconian），夏洛克·福尔摩斯在《血字的研究》（*A Study in Scarlet*）中对其这样表述："在你得到所有证据之前就进行推理是个致命的错误，这会使结果带有偏见。"在历史学中，这种方法源自利奥波德·冯·兰克（Leopold von Ranke）在 1824 年出版的第一部著作，他以"如实直书"（wies eigentlich gewesen）的形式"还原（过去）原本的样子"。从 19 世纪 80 年代到现在，这种方法在美国历史学中的形式是客观的历史科学——"那一个高贵的梦"。①在经济学中，这种方法要溯源到 20 世纪 30 年代的莱昂内尔·罗宾斯（Lionel Robbins, 1935），他受到奥地利逻辑实证主义的影响，而当时，逻辑实证主义已经遭到了真正的哲学家的毁灭性攻击。尽管如此，逻辑实证主义不合逻辑的方法在 20 世纪 40 年代得到了萨缪尔森（Samuelson, 1947）热情的支持，20 世纪 50 年代，弗里德曼（Friedman, 1953）也对其极为推崇。

111　　这种方法最终使萨缪尔森经济学正式的构造得以成形，加林·库普曼斯（Tjalling Koopmans）于 1957 年在《关于经济科学现状的三篇论文》（*Three Essays on the State of Economic Science*）中勾勒出了它的模样。库普曼斯（顺便说一句，他的名字是"推销员"的意思）建议将理论和经验研究进行专门化。他建议理论家们花时间制作一份定性定理的"卡片档"（card file），给一系列的推论 C'、C''、C''' 加上一系列的公理 A'、A''、A'''，与实证做出区分，"以保护（注意'保护'这个词，自由贸易的学生们）双方的利益"，这里的"双方"指的是理论家和实证家。然后，做基础工作的实证主义计量经济学家就会开始研究，看看在现实世界里，A' 是导致了 C' 还是 C''。

如果这些定理不仅仅是定性的，就像萨缪尔森在《经济分析基础》一书中所规定的那样，那么，正式的方法就可以了。如果采用的定量形式是物理

---

①　参见诺维克（Novic, 1988）对美国历史的论述。诺维克认为，"eigentlich"其实应被译为"本质上"（essentially），这会让这句话中的培根式精髓不那么天真。

学家或地质学家所使用的公式,而不是数学家和经济学家所钟爱的"存在/不存在"式的存在性定理,也行。这样一来,愚钝的人——比如我这个经济史学家——可以被指派只做观测工作,聊补理论方面的空缺。但是,在被经济学家所推崇,并占用了他们大部分清醒时间(我很乐意承认,最近几年我有点不太愿意做定量模拟,赞美主)的那种理论中,没有空白需要填补,也没有数量问题需要追寻。

在这里我要告诉你们,萨缪尔森-弗里德曼-库普曼斯方法在经济史领域还会被用上一段时间,直到经济史学家认识到,不管这种方法在经济学中享有怎样的声望,无论它在史学领域多么让人胆怯,它都不再有意义。

在其理论分支中,非合作博弈理论很好地说明了该方法弊大于利。一方面,实验经济学一再表明,对人类来说不合作的假设实际上是错误的。另一方面,有限博弈有解,而无限博弈有无穷解。在意第绪语句法中,有一些理论。如果理论意指经济观念,那么理智的人不会反对它。信息不对称、可计算的一般均衡,都很好。但是,如果我们所拥有的只是库普曼斯定性定理的卡片档(从 A′ 直到 A100′),没有一个经过检验,那么即使它们可被检验,从科学的角度来讲,身处空集的我们得到了什么?

啊,但是你会回答,我们确实在做检验,同还在做基础工作的计量经济学家一道。但我们不做检验。说说二战以来哪些以事实为依据的重要经济命题被计量经济学检验拒绝/接受了吧。罗伯特·福格尔 1964 年关于铁路的著作副标题为"计量经济史学论文集",但是他并没有使用计量经济学,即使是按 1964 年计量经济学的定义来说。他进行了模拟。大约在同一时期,里奇·魏斯科夫(Rich Weisskoff)和我担任约翰·迈耶的研究助理,我们帮忙编辑了《奴隶制经济学:以及计量经济学史中的其他研究》(*The Economics of Slavery*:*And Other Studies in Econometric History*,也出版于 1964 年)一书中他与阿尔弗雷德·康拉德的文章,奈何力所不逮。约翰和阿尔弗雷德实际上用到了模拟分析、会计和经济思想。其中,迈耶的一个模拟分析是对 19 世纪后期英国经济增长的投入产出进行研究,当我意识到约翰已经这样做了,而且这样做并无多大意义的时候,鉴于资源的机会成本,我就不再使用凯恩斯主义长期总需求的概念了(Kain and Meyer, 1968)。

我学了三个学期的计量经济学[跟着迈耶上过一门课,其余时间跟着盖伊·奥克特(Guy Orcutt)这位模拟分析先锋学习]，跟我一样的研究生们没有接受过其他实证方法(例如模拟分析、档案研究、实验、调查、制作图表、国民收入核算等)的训练，这些方法使现代的博士们成了统计显著性检验的专家。戴维·亨德里(David Hendry)说："检验、检验、检验。"问题是，这些检验本身不再有意义，例如，肯尼思·阿罗(Arrow，1960)在库普曼斯的体例提出几年后就指出了这一点。

在未对重要性作出实质性判断时就进行零假设检验已不再有意义，我明白你是不会相信这种说法的。不过，或许你在看过2016年美国统计协会官方委员会的报告(American Statistical Association，2016)后，就会相信这一点。我来做个预测。如果你年轻、好学而且脑子足够灵活，你总有一天会领悟，并且会放弃机械地在0.05统计显著性水平上做检验，开始真正的科学研究。

在理论和库普曼斯卡片档方面，我担心经济史领域的"分析性叙述"，这种方式似乎很受诺思那一派新制度主义者的欢迎。当然，经济史对经济学的贡献，部分在于它对经济行为加以"叙述"，提供的是一幅动态的图景，不同于更为常见的静态快照。其中存在的问题，依然是缺乏有意义的定量检验。在新制度学派中，量化的水平似乎不是特别高。如果所作的分析与经济史上的些许片段"一致"，那可以说一切安妥。人们喜闻乐见的，或者是量化的魅力，或者是以人文取代量化，做严肃的比较史学。二者有其一，或者两者兼具，均可。

我犹豫着要不要扔下第一块石头，因为我并非没有罪孽。* 诚然，正如现在被卷入"♯MeToo"运动的男士们为减轻罪责时常说，罪过是在很久以前犯下的。尽管如此，我在此时此地坦诚自己也曾犯下过错，那么点名道姓地提及经济史领域我敬爱的同事们的某些论著就不至于太过失礼。在这些作品中，分析性叙述经常被用错，也就是说存在性定理与数据不太"一致"，二者也不相符。说出他们的名字很容易，叫出那些做统计显著性检验的同事的名字就更容易了。这些统计显著性检验同样与数据不太"一致"，解释力不

---

* 耶稣就直起腰来，对她们说："你们中间谁是没有罪的，谁就可以先拿石头打她。"引自《圣经·约翰福音》8:7。——译者注

强,而且通常与所讨论的经济和历史问题不相关。这些统计显著性检验几乎从来没有合适过,但是系数的大小真有魅力。可我对他们的姓名只字不提。

所以,保佑我吧,天父,因为我有罪。距离我上一次忏悔已经有半个世纪了。

1971 年,我在经济史协会的会议上提交了一篇论文,并于次年 3 月发表在了《经济史杂志》上,题目是"敞田的圈地:它之于 18 世纪英国农业效率影响的研究(引论)"(The Enclosure of Open Fields: Preface to a Study of Its Impact on the Efficiency of English Agriculture in the 18 Century)(McCloskey, 1972)。听起来不错,是吧?回想起会上我的评论人所说的话,我惴惴不安。他叫厄尔·芬巴尔·墨菲(Earl Finbar Murphy),是法学教授,同时也是环境法和经济学的学生。他抱怨说,论文并未体现出我非常巧妙的分析性叙述确实具有量化的魅力。他的抱怨让我感到苦恼,我甚至如年轻学者一般,生墨菲的气。但我一定将他的抱怨谨记于心了,因为下次当我闯入"敞田"及其"圈地"的领域时,我保证会提供量化的东西。1976 年,我撰写了一篇文章,题为"英国的敞田:引致风险的行为"(English Open Fields as Behavior Towards Risk)(McCloskey, 1976)。

我的朋友斯特凡诺·费诺阿尔泰亚(Stefano Fenoaltea, 1970)也有一篇分析性的论述,他在文中批驳了分散地块是应对风险的行为这一论点。如我 1971 年那篇最早的论文一样,他的文章也没有检验"魅力"。斯特凡诺一反常态,没有在文章中做量化分析。所以,我和芝加哥大学的学生约翰·纳什(John Nash)写了一篇文章进行回应,实打实地对斯蒂凡诺的建议的"魅力"做了检验——他建议将分散地块替换为储存粮食作为保险(McCloskey and Nash, 1984)。"魅力"!对我来说是好事,即使是在 42 岁。

说起计量经济学,在我与约翰·纳什合作的那篇文章中,为了将每个月的存储成本(包含利息在内)分离出来,我们将特定地点谷物价格的变动与变动所涉及的月份数进行了回归。斜率才是关键。我们很明智,没有用显著性检验来对经济学家们已经知晓的东西——收获后价格的上涨量,相当于每个月存储的总成本——进行"检验"。出于套利这个基本的原因,他们不得已而为之。我们的 R^2 小得可怜。但是那又如何?具体的定量理论缺少实

113

例，我们是在填补空白。

在同一个时期（我在缓慢地开悟），我还与 J.理查德·泽克（J. Richard Zecher）合写了一篇文章，题为"金本位如何运行"（How the Gold Standard Worked）（McCloskey and Zecher，1976），在文章中用回归分析阐明了一个量化标准，即"统一市场"意指什么。我们并未像市场整合研究惯常的做法（现在仍旧如此）那样，按照 0.05 的显著性标准来"检验"独立的市场"是否"整合。这样的检验毫无意义。理查德·泽彻说服了我，将"开/关""是/否"作为科学标准是毫无道理的。但是要有一个比较的标准，例如将美国国内砖市场的整合情况与国际市场一体化的情况进行比较，将美国与英国的情况进行比较。物理学上如此，经济史上亦然。

经济史会成为什么样子？

现状已经谈得够多了。那我希望经济史变成什么样子？我不切实际的预测是什么？简而言之，我希望它仍旧是经济学和史学中科学的部分，但要比现在更加科学。

许多作为经济学家接受训练的经济史学家们，在面对他们傲慢、无知的理论和计量经济学同事时缺乏自信，因而他们没有意识到，经济史是经济学中达尔文科学的部分。彼得·特明是第一位教授我计量史学的老师，他当时也是第一次讲授这门学科。近来，他对经济学系经济史的衰落感到痛惜，比如他自己所在的麻省理工学院经济系，就更喜欢任命理论经济学和计量经济学的人（Temin，2016）。人们不禁要问，他在麻省理工学院工作了那么久，为什么没有安排接班人？尽管我必须承认，我在芝加哥大学也未安排接班人。1980 年，在我离开芝加哥大学两个月后，经济系研究生课程中对经济史这门课不再做要求了。现在，芝加哥大学的博士和麻省理工学院的博士一样，对经济的过往一无所知。

在其他领域（比如社会学或史学本身，或者旧世界的经济史系）受过训练的经济史学家们，不像他们美国的计量史学同事那般，热衷于拼命追求最新的"洞见"（理论家声称它们实际上事关紧要），或者追求最新的"技术"（计量经济学家用它来确定"一根针尖上能站几个天使"*）。我对同侪们在世界范围内取得的成就感到骄傲，但无论如何我要再次重申，经济史是经济学和历史学中几乎完全合乎科学的部分，它只是需要更加科学。

但要认识到，英语里"科学"（science）这个词大有问题，它会让经济史学家误入歧途，试着去效仿想象中物理学领域的做法。在所有的其他语言里，从法语到泰米尔语，"science"在当地对应的词仅仅意指"系统的探究"（systematic inquiry），它与随意的新闻报道或无根据的观点不同。比如德语里的"Geisteswissenschaften"（精神科学）在英语里字面意思是"精神科学"（spirit sciences），听起来让人毛骨悚然，它是美国学者所谓"人文科学"（humanities）和英国的"文科"（arts）在德语里标准的表述。时至今日，荷兰人仍旧说"kunstwetenschap"，即"人文科学"（art science）。母语是英语的人现在会称它为"art history"（人文历史）抑或"theory of art"（人文理论），坚定地认为它们属于人文科学，与科学相对。一位 12 岁的女孩在学校表现良好，她的母亲用意大利语骄傲地说，"mia scienziata"（我有学问的女孩），用现代英语来表述，即为"my scientist"（我的科学家），听起来确实很奇怪。

在早期的英语里，英文"science"（知识）还包括 *Wissenschaft*、*wetenschap* 或 *scienza* 的含义。亚历山大·蒲柏（Alexander Pope）在 1711 年曾这样写道："惜心智狭窄，认知有限，使我们目光如豆，时见一斑。但越往前，看吧，定会惊骇，学问（science）无边，那闻所未闻之境还远在。"（Pope, 1711, *Essay on Criticism*, lines 221—224）到了 19 世纪中期，牛津大学和剑桥大学在化学教授席位方面的争执过后，这个词被专门用来表示对物理世界进行系统的研究。在《牛津英语词典》中，19 世纪 60 年代以降，新词义慢慢开始被采用（阿尔弗雷德·马歇尔从未用过这个词义，但到了凯恩斯时代，每个人都在用这个意思）——"science"的意思成了词意 5b**，牛津词典的编纂者让我们

＊　"一个针尖上能站多少个跳舞的天使"，这一问题经常被用来作为中世纪经院哲学的本质问题，直到 17 世纪的新教学者将其作为一个笑料提出。——译者注

＊＊　"Science"的 5b 释意如下："在现代的用法中，通常被当作'自然和物理科学'的同义词，因此仅限于研究与物质宇宙现象及其规律相关的分支学科，有时隐含的意思是将数学排除在外。是日常用得最多的一个词义。"译自 Simpson, J. A., Weiner, E. S. C.（1989）*Oxford English Dictionary*. Oxford University Press, ed. 2, vol.XIV, pp.649。——译者注

知晓,目前在日常用法中主要用的就是这个词义。

过去的一个半世纪里这个词义的使用,使得人们对经济学是否是一门科学产生了无休无止又愚蠢至极的争论,也让自然科学家对社会科学发出高傲的嘲笑。然而,如果经过学术上的争论以后,我们认定经济学或经济史不是科学,这跟实践又有什么关系呢?我想,我们会被逐出美国国家科学基金会(National Science Foundation)或美国国家科学院(National Academy of Science),这很可悲,也没什么好处。但是,这种驱逐会改变经济或历史科学实际的做法吗?

事实上,在实际应用中,占领人文科学的这类分类问题,在任何系统的研究中都是必不可少的步骤,无论是物理问题、社会问题还是概念问题,都是如此。人文学科——比如文学系的文学批评、数学系的数论、神学系的超验的意义——都研究分类,例如好/坏,抒情诗/史诗,12 音/旋律,红巨星/白矮星,原始人/智人,质数/非质数,意识/非意识,上帝/众神,存在/不存在。在两种文化的较量中,有关键的一点被忽视了,即这种人文的和人的分类对任何科学论证来说都是必不可少的第一步。只有经过深思熟虑后下的定义,才能知晓怎么来分类,比如晚期智人/早期智人,然后你才能算算他们有多少成员。这是显而易见的——尽管对反人文主义的经济学家乔治·施蒂格勒、迈克尔·C.詹森(Michael C. Jensen)或默里·罗斯巴德(Murray Rothbard)来说并非如此。

例如,经济学理论完全是人文的,它要处理定义和定义之间的关系,有时它们被称为"定理"(theorems),或者也被称为"推导"(derivations),后者对实证的科学更为有用。理论对分类作了注解——科斯就是这么做的:在这里,交易成本可能很重要,要下定义就该这么做。或者如欧文·费雪和米尔顿·弗里德曼所言,$MV=PT$,或者像弗朗西斯·埃奇沃思和保罗·萨缪尔森所讲,$(dU/dx)/(dU/dy)=P_x/P_y$。或者如奥地利经济学家所述,市场可能更多涉及非均衡事件,与均衡事件的关系弱一些。或者如伊斯雷尔·柯兹纳(Israel Kirzner)与今时之迪尔德丽·南森·麦克洛斯基可能会说的,对于人类的进步来说,探索可能比常规的积累,或者惯常的对已知函数做最大化处理更为重要。

从建立经济理论的层面上讲,这些人是人文主义者,他们研究分类和派生,这些做法先于(有时会替代)对实际市场历史的探究。我最近花了一些时间来浏览 2014 年诺贝尔奖获得者让·梯若尔(Jean Tirole,2006)金融理论方面的书本。该书汇集了数百种理论,但它没有提供任何证据,表明能够将哪些理论应用在实际的金融市场上。无论是好是坏,它都是人文主义的一种演练,就像康德的《纯粹理性批判》(*Critique of Pure Reason*)(Kant,2008),或者拉马努金在数论方面的笔记(Ramanujan et al.,2000)。

有些定义和它们相应的定理高明而且有用,有些则不灵光且有误导性。人文学科,以及任何科学中人文的步骤,在对世界进行计算、比较或其他事实调查(factual inquiry)之前,都会对这些问题加以研究,或多或少能为一个拟议的分类灵不灵光提供切合实际的论据。人文学科研究的是人类思想以及奇思妙想的产物,如约翰·弥尔顿的《失乐园》、莫扎特的《C 大调长笛与竖琴协奏曲,K.299》、所有素数对的集合,或者国内生产总值的定义。这些研究是随分类而定的,比如孤联诗句/跨行诗句、单/双协奏曲、素数/非素数、市场的/非市场的,比如对我们人类所作的分类。

例如,在 20 世纪初,许多经济学家和其他科学家,如伟大的统计学家卡尔·皮尔逊(Karl Pearson)认为,"雅利安种族"(Aryan race)这个分类是明智的,它有助于思考经济和社会问题。[①]大概在那个时候,美国的进步人士,特别是其中顶尖的经济学家,对种族主义深信不疑。他们提倡诸如移民限制(后来在三 K 党的支持下通过相关法律)、最低工资(如今被当代的进步派所采用)以及强制绝育("三代低能儿就足够了"[*])等政策,以达到优生的结果,从而让雅利安人种更加完美(Leonard,2016)。后来,在有过一些非常让人烦忧的经历和更多的反思之后,我们认为除了智人之外,"种族"这个分类实际上很愚蠢,具有误导性,甚至是邪恶的。这个认识本身依靠的是对有

116

---

① 对于其观点,较晚近的例子有皮尔逊和莫尔(Pearson and Moul,1925)的论述:"平均而言,对于不同性别,这些外来的犹太人口在身体和精神上都比本地人口要差一些。"而较早的例子可参见皮尔逊[Pearson,1882(1900):26—28]的表述:"不良种群只能产生不良的后代……"

* 1927 年,美国最高法院大法官奥利弗·温德尔·霍姆斯(Oliver Wendell Holmes)在一项维护强制绝育合宪性的决定中表示:"三代低能者就够了。"——译者注

益/误导、明智/愚蠢、善/恶等人文主义的分类所做的反思。

人文主义必要的第一步,请注意,不仅适用于"les sciences humaines"或"die Geisteswissenschaften"*,也适用于物理科学和生物科学。意义是科学的,因为就自己感兴趣的问题进行发问的人就是科学家,他们会问:β衰变的意义是什么？这是自托马斯·库恩(Thomas Kuhn)以来科学研究主要的结论。丹麦物理学家尼尔斯·波尔(Niels Bohr)在 1927 年写道:"有人认为物理学的任务就是弄清楚世界是什么样子的,这种想法是错误的。物理学牵涉我们怎么表述这个世界。"[1]我们,人类,用语言,表述。关于这种人文科学的分类,德裔美国诗人罗莎·奥斯兰德(Rose Äuslander,2014)有言:"太初有道,道与神同在,神赋予我们道,我们与道同在,道即吾之梦想,梦想即吾之生活。"[2]

在我们的隐喻中和故事里,我们梦想着进行分类,用它们来构建我们的模型,构造我们的经济史和我们的生活,尤其是我们的科学生活——说的就是这个世界。诗人华莱士·史蒂文斯(Wallace Stevens,2011)在基韦斯特(Key West)的海滩上散步时,对他的同伴惊叹道:"啊,苍白的罗曼,请看:秩序的激昂！献给大海之词的缔造者的激昂。"人类对语言进行安排,将秩序强加给世界。关于他们听到的那位歌者,史蒂文斯唱道:"当她放歌,大海便脱弃自身,变成她的歌唱本身,因为她是缔造者。"

这样的想法不可怕,不疯狂,不是法式的,不是后现代的,也不是虚无主义的。"最难"的科学依赖人类所作的分类,因此它也依赖人类的修辞学和

---

① 引自保罗·麦克沃伊的《尼尔斯·波尔:对主语和宾语的反思》(*Niels Bohr: Reflections on Subject and Object*)(Paul McEvoy,2001:291)。这句话的出处我有点记不清了,但是它很出名。哲学家汉斯·西格加尔德·詹森(Hans Siggaard Jensen)告诉我,在丹麦语里它有点像"物理学不是关于世界是什么,而是关于我们能说什么"(Fysik er ikke om hvordan verden er, men om hvad vi kan sige om den)。

② 原诗为"Am Anfang/war das Wort/und das Wort/war bei Gott/Und Gott gab uns das Wort/und wir wohnten/ im Wort/Und das Wort ist unser Traum/und der Traum ist unser Leben"。

* "les sciences humaines"为法语的"人文科学","die Geisteswissenschaften"为德语的"人文科学"。——译者注

诠释学，即科学中人类对话的说与听两个方面。例如，"资本积累"这一类别可以用总计的、斯密-凯恩斯的方法来定义，也可用分列的、具体行动的奥地利方式来定义。对科学来讲，这很重要，它改变了我们随后要计量的东西，以及要通过政策来建议的内容。经济学理论的人文工作就是琢磨出类别，看看它们内在的逻辑，批评它、完善它。英语系和物理系也是这么做的。

但是在诸如经济学之类的事实的科学或政策的科学中，人文的步骤——
尽管我说它之于科学思想非常必要——当然不是科学工作的全部。经济学家对"秩序的激昂"着迷，经常会忽略这一点。理论不是科学的全部。人们可能有一种史诗或协奏曲的理论，但从未在任何实际的史诗或协奏曲上使用这种理论，其实是傻乎乎地错误呈现了它们在现实人类世界中的样子。专注于肯尼思·阿罗或弗兰克·哈恩（Frank Hahn）所做的那种人文理论研究就很不错，但这并不能完成全部的科学工作，除非它在某些时候与实验、观察，或者其他对世界所做的严肃检验紧密相连——而这两位杰出人物的许多工作从来没有这么做。哲学家兼经济学家阿瑟·戴蒙德（Arthur Diamond）顺着阿罗和哈恩所用的抽象一般均衡理论，向实证的基础工作找寻其实证应用，结果一无所获。[①]如果你要提出一个量化的观点，就像在经济学这样的政策科学，或者物理学这样世界性的科学，或者所谓的经济史（它炫然地系统探究过去平常生活中的事情）中必须做的那样，那么在人文的步骤之后你必须接着往下做，或者实际进行计数，或者进行检验比较。数一数 14 世纪 40 年代在瘟疫中死亡的人数，或者比较一下瘟疫在中国的影响。

在经济学中，学者们往往不会计数，或者不会作对比，因为经济学家认为，定理提供了事实的"洞见"，并且认为统计显著性根据事实对理论进行了"检验"，这我已经说过。人们说，理论和计量经济学这两个方面因此可以专而又专。两者绝不互通有无。就这样一个过程，它相信自己是在仿效物理学，但没有探究物理学究竟是如何运作的。从恩里科·费米（Enrico Fermi）

---

① 引自戴蒙德（Diamond, 1988）的论文。而利兰·耶格尔（Leland Yeager, 1999：28）也准确地指出，它确实为"整个经济理论"提供了一个有用的"整合因素"。

和理查德·费曼(Richard Feynman)的生平和著作中可以看出,物理学家,甚至是理论物理学家,也会花费大量的时间来钻研物理学领域相当于(经济学中)《经济史杂志》的刊物。

结　语

那又怎么样?我们应该这样:经济史应该具有人文色彩,恰如它现在荒谬地反人文主义那般。如果我们克服了自己可能配不上科学家白大褂的焦虑,克服了我们配不上科学释意5b的焦虑,情况就会如斯。

祢的道就是"人文经济学"(humanomics)。这个词由巴特·威尔逊(Bart Wilson)创造,毫无疑问,巴特是科学的实验经济学家。现在,巴特和弗农·史密斯(Vernon Smith)正在撰写的一本书中将这个词收入其中。弗农是诺贝尔经济学奖获得者、经济科学协会(Economic Science Association)的创始人,1986年担任该协会首任会长(Smith and Wilson,2017)。当时,我和弗农就"科学"这个词的使用问题起了争执,因为一旦用了这个词,经济科学协会主要就成了实验室实验员的协会。时至今日,他和我一致认为"科学"所涵盖的,不只是对物理科学的错误效仿。人文经济学并不会抛弃我们可以从这些仿效中学到的东西,当然也会不反对数学或统计学。弗朗西斯科·博尔迪佐尼(Francesco Boldizzoni)对计量史学有怨言,他就是在上述方面大错特错了(Boldizzoni,2011;McCloskey,2013)。过去的德国历史学派和旧日美国的制度主义者很有价值,但他们对自己所说的"英国的经济学"的蒙昧敌意并不是其价值所在。

一部真正科学的经济史,是将人文科学的方法引入经济的科学中。例如,巴特、弗农及其同事对附着在他们实验对象行为上的意义研究得越来越多,而这可以通过人文的技术——对实验对象在实验期间彼此说了什么进行文本分析——揭示出来。几十年以来,实验经济学家们都已经知道,让实验对象相互交谈会让实验结果从根本上发生改变。对人的意义进行研究,会让生活中的日常事务真相大白。

处于经济史领域的我们,完全有条件让人文经济学尽为己用,例如将商业史和经济史融合起来。但要做到这一点，显然我们需要抛开对美国国家科学院的顾虑，听听所有与经济相关的证据怎么说。这些证据呈现的形式，有出口的统计数据，有一个商人写给另一个商人的信件，也有当代戏剧的主题。例如，戏剧的主题有一则证据表明，英国人在18世纪最初的几十年里对商业的看法正在发生根本性的改变（McCloskey，2016）。

我们经济学的同仁们正朝着另一个方向艰难前行，他们的行为经济学忽略了人的意义，以20世纪30年代心理学的方式，坚持认为重要的是外部的行为，或者更极端地说，是以反人文的神经经济学的方式，研究大脑，却忽略了思想，就好像我们可以通过越来越深入地对雅舍·海费兹（Jascha Heifetz）的肌肉加以研究，来理解他如何演奏小提琴。

应对之道，既不是紧跟最近宣布的环境危机，也不是追随劳动力市场上最新的"当前政策问题"，尽管不可否认，年轻学者们被着眼当下的同行们吓得很想这么做。在研究国民财富的性质和原因方面，电视、报纸和时政并不能很好地提供指引，告诉人们何者关乎长久。鲍勃·福格尔曾经说过，他选择研究主题的原则是，50年后无关痛痒的事情他不干。这就是为什么他在20世纪70年代初对美国联邦土地政策的历史做过一些初步的研究之后，就将之舍弃了。50年后，什么东西在经济史领域依旧重要？那就是贫困以及脱贫。什么东西在政治史领域依旧重要呢？那就是暴政及其终结。如果贫困和暴政都终结了，其他的也会随之结束。最好盯紧重要的问题。

我不希望仅仅是在说教（尽管仔细想想，宣扬科学常识的福音并没有过错）。所以，让我举一个具体的例子，来说明人文经济学的科学成果。有点尴尬的是，这个例子是我自己最近在经济史方面的研究，即我的"资产阶级的时代"（The Bourgeois Era）三部曲（McCloskey，2006，2010，2016）。原谅我，母亲，为我犯的罪孽。

自1800年以来，按实际价值计算的人均财富增长了20倍、30倍，甚至更多，"财富大爆炸"（Great Enrichment）是自人类驯化动植物以来最惊人的经济变化。自亚当·斯密以来，历史学家、经济学家和经济史学家一直试图对此做出解释。最近，一些人开始关注思想的作用。比如在经济史学家乔尔·莫基尔（Mokyr，2016）和埃里克·琼斯（Eric Jones，2003）、历史学家玛 119格丽特·雅各布（Margaret Jacob）、历史社会学家杰克·戈德斯通、人类学家艾伦·麦克法兰（Alan MacFarlane）、经济学家理查德·朗格卢瓦（Richard Langlois），或者我本人（McCloskey，2006，2010，2016）等少数几个无畏者的研究中就是如此。

"财富大爆炸"通常由物质的因素来解释，例如贸易扩张、储蓄率上升、对穷人的剥削，或者法律博弈规则的改变。问题是，这样的事情在此前和别处也发生过。例如，任何有组织的社会——从狩猎采集部族到美利坚合众国——都有私有财产和法律，否则它就不是一个社会，而是一场"一切人反对一切人的战争"，诺思和温格斯特的观点与此相反（North and Weingast，1989）。再举一例，对外贸易在人类历史上无处不在，而且与权力无关，这与芬德利和奥罗克（Findlay and O'Rourke，2007）的观点相反。这种观点对大约1890年经济学人基于直觉的唯物主义进行了批判，这本身就是人文主义者对量化、对比的一种替代的使用。因此，用诸如法律变革和对外贸易这样的重大事件，无法解释工业革命（事实上，早些时候也有与工业革命类似的事情，通常只使收入翻了一番）。尤其无法用它们解释为何人均财富增长了30倍，并且依旧坚挺，让人震惊。我们在经济学中研究的物质因素不起作用，这一点我们可以详加说明（McCloskey，2010）。我们还可以展示，人们对资产阶级的态度在17世纪是如何发生转变的（McCloskey，2016），首先是在荷兰，然后是在英国，而后者有了一个新的荷兰国王，用了荷兰的新制度。我们可以证明，"资产阶级重估"（Bourgeois Revaluation）在道德上并没有败坏（McCloskey，2006）。*

一种假设是，如果资产阶级的社会地位没有如人所言那般得到提高，那么贵族和他们的政府，或者处于行会和重商主义中的资产阶级自身，会通过规章或税收将创新压死，向来都是如此。资产阶级的绅士本身也不会成为发明家，他们一直会对跻身于绅士阶层汲汲以求。但是，如果物质的生产方法没有因此而改变，特别是在1800年以后，那么资产阶级的社会地位就不

---

* 工业革命是将技术置于经济变革主要引擎位置的一系列事件，为1800年之后的两个世纪物质的丰饶奠定了基础的，是技术思想及其社会支撑——乔尔·莫基尔称之为"工业启蒙"（Industrial Enlightenment），杰克·戈德斯通称之为"工程文化"（Engineering Culture），而迪尔德丽·南森·麦克洛斯基称之为"资产阶级重估"（Bourgeois Revaluation）。——译者注

会继续上升了。简而言之,没有在口头上对资产阶级赋予荣光,就没有现代的经济增长(这就是米尔顿·弗里德曼论题的精髓所在)。并且,如果没有现代经济增长,何谈资产阶级口头上的荣光(此为本杰明·弗里德曼论点的实质所指)。这两位弗里德曼(两人毫不相关)抓住了穷人、妇女、奴隶、殖民地的人民,以及其他所有因艳羡资产阶级美德而获得自由的人的本质所在。

其原因是自由主义(McCloskey, 2016)、科学革命(Mokyr, 2002;但不是科学直接的技术效应,直接的技术效应大半延迟到20世纪才起作用),而且最重要的是,在荷兰,随后在英格兰、苏格兰和英属北美的社会对话中,关于"试一试"(having a go)的措辞发生了变化。措辞上的变化反过来又是西北欧政治和社会意外事件——从宗教改革到法国大革命——的结果,这些事件让人无所畏惧。当时其他先进的社会——如中国、莫卧儿帝国和奥斯曼帝国——凑巧不鼓励在经济上恣意妄为,这些地方一向如此,而且在许多其他方面也不鼓励人们胆大妄为,比如军事技术方面。欧洲"赢得"这场改善平民生活的战争纯属偶然。

你可以发问:1700年以后,在一个高度贵族化且主要信奉基督教的欧洲,在一个完全敌视资产阶级美德造福穷人这一理念(我们的一些知识分子仍旧如此)的欧洲,资产阶级的意识形态——它清楚明确,令人信服——是如何形成的呢?熊彼特在1946年声称:"如果一个社会将其经济过程交托给私商来指导,那这就叫'资本主义'。"(Schumpeter, 1946)这是对"资本主义"这个本质上具有争议的概念、极具误导性的单词下过的简短的定义里最好的。(之所以具有误导性,是因为它让我们将注意力集中在资本积累的总量上了,而不是让我们将注意力集中在奥地利学派发现的,真正造就现代世界的、具体的改进理念上。)熊彼特解释说,将经济"交托"给商人需要有私有产权、私人收益和私人信贷。(这样说来,你可以看到当今俄罗斯向资本主义过渡时的坎坷,比如说,那里的农业用地仍然不是私有的;而当实际的企业在敲诈勒索或盗窃的压力下艰难盈利,却仍要受到国家的检控;亿万富翁银铛入狱、出类拔萃者折戟沉沙。)

然而,熊彼特在定义中忽略了一点(尽管他毕生的工作体现了这一点),那就是社会——或者至少是社会的管理者——必须尊崇商人。正如理查德·朗格卢瓦(Langlois, 2014)所言,熊彼特缺乏社会学理论。人们必须从社会学的角度来思考，认为资产阶级是可以有德行的。俄罗斯所缺乏的，而且它一直以来都缺乏的，正是这种对资产阶级美德的钦慕，无论是受波雅尔、沙皇统治，还是由苏俄人民委员、普京及其同僚领导，自莫斯科很久以前以牺牲诺夫哥罗德（Novgorod）商业模式为代价击退蒙古人以来，俄罗斯一直都是如此。

在1890—1980年很长的一段时间里，将重大的历史事件归因于思想在专业的史学中并不流行。对利息反复盘算，被认为能够解释一切。左派的男女都信奉历史唯物主义，而且这种信仰是如此笃定，以致许多自由主义者或保守主义者都不好意思提出其他主张。但是，这种"客观性的梦想"的结果不尽如人意。并不是实际利益——相对于想象的、经常被幻想出来的物质利益——引发了第一次世界大战。兄弟旅（Pals Brigades）没有越过索姆河上游，因为这符合他们精心计算的利益。出于经济上的原因，没有蓄奴的白人并非南方联盟军的主力。废除奴隶制也没有成为一项激荡人心的事业，因为奴隶制对资本主义有利。如此追溯，直至回到追寻荣誉与信仰的阿喀琉斯和亚伯拉罕那里。

因此，作为经济史学家，我们应该密切关注认知-道德革命，而不是每次都简单地认为物质决定一切。如今，在历史学家那里，展示思想重要性的说法并不罕见。但要表明物质基础本身是由嘴唇和头脑的习惯决定的，那就是另一件事了——这个结论让社会科学中研究经济学的大多数人出言不逊，而人文学科中的历史唯物主义者对此也颇有微词。

简言之，语言在经济中有什么力量？"财富大爆炸"就是世界历史上的一个例子——若用社会学家的话来说，即经济的语言嵌入性（linguistic embeddedness）。语言在经济中的力量不容忽视。（或者说它可以被忽略：如果这项研究真实可靠，那么这个假设必须有被证伪的可能。）

因此是"人文经济学"。在思考经济问题时忽略艺术、文学和哲学的分量，很离奇地不科学。按着不经论证，确然愚蠢的方法行事，就会抛却大量关于我们人类生活的证据。我的意思并不是说，"发现"就像鸡尾酒会上被递来的小食那样，会从小说和哲学中被递过来。我的意思是，从希腊人和儒家人士，到维特根斯坦和《公民凯恩》，在对人类的意义进行探索时也映照出了世俗的事务。一个有着一系列美德和恶习的人，不再是满心"俭省至上"

（Prudence Only）的怪兽，他即使不是我们经济学的典型，也是我们的经济体中的典型。

因此（假设），一部毫无意义的经济史无法理解经济增长、商业周期，或者我们许多其他的奥秘。一部人文经济学的经济史将会使现代经济学的技术得以拓展，但在某种程度上也会对现代经济学的技术提出质疑。从法学到社会学，一众其他社会科学现在都受到了效用最大化（Max U）理论的影响。

也就是说，经济史可以在不放弃计量的情况下拥抱人文学科，变得更科学，而不是更不科学。

参考文献

American Statistical Association. (2016) "Statement on Statistical Significance and P-Values", *Am Stat*, 70(2): 129—133. At http://amstat.tandfonline.com/doi/pdf/10.1080/00031305.2016.1154108.

Arrow, K.J. (1960) "Decision Theory and the Choice of a Level of Significance for the T-Test", pp. 70—78 in Olkin, Ingram, et al. (eds) *Contributions to Probability and Statistics: Essays in Honor of Harold Hotelling*. Stanford University Press, Stanford.

Ausländer, R. (2014) *While I Am Drawing Breath*. Arc Publications, Todmorden.

Boldizzoni, F. (2011) *The Poverty of Clio, Arc Publications: Resurrecting Economic History*. Princeton University Press, Princeton.

Conrad, A.H, Meyer, J. (1964) *The Economics of Slavery, and Other Studies in Econometric History*. Aldine Publishing Co., Chicago.

Diamond, A.M.J. (1988) "The Empirical Progressiveness of the General Equilibrium Research Program", *Hist Polit Econ*, 20(1): 119—135.

Fenoaltea, S. (1970) "Risk, Transaction Cost, and the Organization of Medieval Agriculture", *Explor Econ Hist*, 13: 129—151.

Findlay, R., O'Rourke, K. H. (2007) *Power and Plenty: Trade, War, and the World Economy in the Second Millennium*. Princeton University Press, Princeton.

Fogel, R. (1964) *Railroads and American Economic Growth: Essays in Econometric History*. Johns Hopkins University Press, Baltimore.

Friedman, M. (1953 reprint ed 1966) *Essays in Positive Economics*. University of Chicago Press, Chicago.

Jones, E. (2003) *The European Miracle: Environments, Economies and Geopolitics in the History of Europe and Asia*. Cambridge University Press, Cambridge.

Kain, J.F., Meyer, J.R. (1968) "Computer Simulations, Physio-Economic Systems, and Intraregional Models", *Am Econ Rev*, 58(2): 171—181.

Kant, I. (2008) *The Critique of Pure Reason*. Penguin Classics, New York.

Koopmans, T. (1957) *Three Essays on the State of Economic Science*. McGraw Hill, Chicago.

Langlois, R. (2014) *The Dynamics of Industrial Capitalism: Schumpeter, Chandler, and the New Economy*. Routledge, London.

Leonard, T.C. (2016) *Illiberal Reformers: Race, Eugenics and American Economics in the Progressive Era*. Princeton University Press, Princeton.

McCloskey, D.N. (2013) "The Poverty of Boldizzoni: Resurrecting the German Historical School", in *Investigaciones de Historia Economica Feb*, 9(1):2—6.

McCloskey, D. N., Zecher, J. R. (1976) "How the Gold Standard Worked, 1880—1913", in Frenkel, J.A., Johnson, H.G. (eds) *The Monetary Approach to the Balance of Payments*. Allen and Unwin, London, pp. 357—385.

McCloskey, D.N. (1972) "The Enclosure of Open Fields: Preface to a Study of Its Impact on the Efficiency of English Agriculture in the Eighteenth Century", *J Econ Hist*, 32 (1): 15—35.

McCloskey, D. N. (1976) "English Open Fields as Behavior Towards Risk", *Res Econ Hist*, 1(Fall):124—170.

McCloskey, D. N. (2006) *The Bourgeois Virtues: Ethics for an Age of Commerce*. University of Chicago Press, Chicago.

McCloskey, D.N. (2010) *Bourgeois Dignity: Why Economics Can't Explain the Modern World*. University of Chicago Press, Chicago.

McCloskey, D. N. (2016) *Bourgeois Equality: How Ideas, not Capital or Institutions, Enriched the World*. University of Chicago Press, Chicago.

McCloskey, D.N., Nash, J. (1984) "Corn at Interest: The Extent and Cost of Grain Storage in Medieval England", *Am Econ Rev*, 74: 174—187.

McEvoy, P. (2001) *Niels Bohr: Reflections on Subject and Object*. Microanalytix, San Francisco.

Mokyr, J. (2002) *The Gifts of Athena*. Princeton University Press, Princeton.

Mokyr, J. (2016) *A Culture of Growth: Origins of the Modern Economy*. Princeton University Press, Princeton.

North, D. C., Weingast, B. R. (1989) "Constitutions and Commitment: The Evolution of Institutions Governing Public Choice in Seventeenth-Century England", *J Econ Hist*, 49: 803—832.

Novick, P. (1988) *That Noble Dream: The 'Objectivity Question' and the American Historical Profession*. Cambridge University Press, Cambridge/New York.

Pearson, K. (1882, reprint 2004) *The Grammar of Science. Walter Scott*. Dover Publications, London.

Pearson, K., Moul, M. (1925) "The Problem of Alien Immigration into Great Britain, Illustrated by an Examination of Russian and Polish Jewish Children", *Ann Eugenics*, 1 (1/2):5—127.

Pope A (2008) *An Essay on Criticism*. Forgotten Books, London (2008 reprint from the 1711 original).

Ramanujan Aiyangar, S., Hardy, G. H., Seshu Aiyar, P.V., Wilson, B.M. (2000) *Collected Papers of Srinivasa Ramanujan*. AMS/Chelsea Publication, London.

Robbins, L. (1935) *An Essay on the Nature and Significance of Economic Science, 2nd edn*. Macmillan, London.

Samuelson, P. A. (1947) *Foundations of Economic Analysis*. Harvard University Press, Cambridge.

Schumpeter, J.A. (1946) Article "Capitalism", in *Encyclopedia Britannica*. Encyclopedia Britannica Inc, Chicago.

Smith, V., Wilson, B. (2017) "Sentiments, Conduct, and Trust in the Laboratory", *Soc Philos Policy*, 34 (1):1—33.

Stevens, W. (2015) *The Collected Poems of Wallace Stevens*. Vintage International, New York.

Temin, P. (2016) "Economic History and Economic Development: New Economic History in Retrospect and Prospect", in Diebolt, C., Haupert, M. (eds) *The Handbook of Cliometrics*. Springer Verlag, Berlin.

Tirole, J. (2006) *The Theory of Corporate Finance*. Princeton University Press, Princeton.

Von Ranke，L. （1824） *Geschichten der Romanischen und Germanischen Völker von 1494 bis 1514*. University of Michigan Library，Ann Arbor(edition 1885).

Yeager，L.(1999) "Should Austrians Scorn General-Equilibrium Theory?"，*Rev Austrian Econ*，11(1—2):19—30.

第六章

计量史学与加拿大经济史研究

伊恩·凯伊

弗兰克·D.刘易斯

摘要

加拿大长期经济发展的特征是政策、结构、技术和绩效不连续。运用计量史学的工具和技术以后，我们对这些不连续性的认识远远超出了从叙述中获得的认知，而传统上记载加拿大经济史的正是这些叙述。计量史学分析的理论基础和它在定量方面的严谨性，让我们能够在对当代的和国际上的类似情形对照后，描绘出加拿大经验。在本章中，我们考察了影响加拿大发展的关键因素和重要经历，借此来阐明计量史学给加拿大经济史研究带来了巨大的变革。这些关键因素包括：资源主导型增长的作用，包含毛皮贸易和西部小麦生产的影响；政策与绩效之间的关系，包含采取贸易保护措施、对基础设施进行补贴，还有移民带来的影响；以及经济政策与创业决策之间的联系。

关键词

加拿大经济史　资源密集型发展　毛皮贸易　小麦潮　贸易政策与增长　移民政策　铁路建设　技术选择　创业失灵

引　言

　　加拿大幅员辽阔,但与主要的贸易伙伴相比,其经济总量一直很小。加拿大陆地面积比美国本土 48 个州大 23％多,但加拿大总人口和国内生产总值始终不超过美国的约 1/10。自然资源的开采与加工在加拿大经济中所占的比重远超美国,这个情况会继续保持。厄克特(Urquhart,1993)认为,在19 世纪末和 20 世纪初的工业化阶段,加拿大国内制造企业与美国北部边境县份同一行业的相比差距很大。具体而言,加拿大的企业规模较小,在农村的居多,季节性较强,资源和劳动较为密集,工厂不多,使用蒸汽动力的工厂更少(Inwood and Keay,2008)。人们自然倾向于将加拿大的经济表现与美国的进行比较,在历史的、长期的发展背景下更是如此。正如这些特征事实(stylized fact)所示,这往往导致人们在描述加拿大的经历时多贬损之词,而传统的叙述通常也反映出一种明显的悲观态度(Bliss,1990)。

　　尽管在传统史学中对加拿大有很多负面的描述,但是从一些证据来看,可以对加拿大的发展持更正面的看法。例如,早在 19 世纪 70 年代,与全球平均水平相比,加拿大的经济增长就很强劲,1870—1913 年人均工业产值几乎与美国相当,甚至能赶上英国的水平(Urquhart,1993)。与包括美国在内的其他"新世界"的经济体相比,加拿大的城市化程度相对较高,有相当大一部分人口居住在人口密集的城市和集镇中,尽管这些市镇地理条件迥异。自 19 世纪 70 年代以来,加拿大的全要素生产率(TFP)水平和增长率一直比肩全球领先水平,1880—1913 年,加拿大实际人均 GDP 增长得甚至比美国都快(Harris et al.,2015)。在第一次全球化时期,加拿大与全球经济存在双向互动,这使对加拿大绩效较为乐观的表述站得住脚:净移民数量巨大且不断增长,在 19 世纪 90 年代中期以后更甚;有大量的净资本流入,占 GDP 的近 10％;贸易量迅速扩大,尤其是与美国市场的贸易量。

　　加拿大的发展是错综复杂的,我们无法对其进行决定性的描述。我们可以在不同时期、在不同国家中找到与其非常相似的地方。就加拿大这个经济体而言,工业和经济长期的发展可能不像美国那般(显而易见、确定无疑地)出色,但它标志着加拿大在斯堪的纳维亚、澳大拉西亚(Australasia)、南美洲等地众多的国家,以及目前还在发展、资源丰富且高度全球化的经济体中更具代表性。除了加拿大经济增长的这些特征之外,事实上,加拿大还具有许多高质量的历史文献,包括商业档案,税收、法院、遗嘱认证记录,贸易报告,以及人口普查的手稿,而且这个国家还有格外丰富的政策、地理、制度和部门差异可供辨别。将加拿大发展的复杂性、与其他国家和地区的共同经验以及加拿大的历史文献归拢一处,我们会看到,为什么它们能让我们从加拿大经济史的研究中广泛地吸取教训。而对于讲清楚为什么加拿大的经验非常适合用计量经济学的工具和技术来进行研究,它们也是有帮助的。

在以不稳定、快速演变和内生性决定为特点的经济环境中,传统的叙述方法很难找出在其中起作用的因素是什么。谨慎使用经济理论和严谨的统计有助于我们对这些因素进行整理、分类和权衡。本章概述了加拿大经济史中的一些基本问题和这方面的争论,它们一直是计量史学研究的主题。更具体地说,我们回顾了资源导向型增长的作用,重点关注毛皮贸易、资源诅咒和小麦潮;我们回顾了政策与绩效之间的关系,将重点放在采取贸易保护、对基础设施建设进行补贴、移民与移民政策的影响上;我们还回顾了政策选择对创业决策的影响。我们从概述中发现,加拿大经济史的计量史学研究对我们理解影响加拿大发展的一些关键因素和重要片段具有变革性的影响。在每一个案例中,传统的叙述未必会明确地被推翻,但计量史学工具给我们的分析带来了信心,清楚地说明了定量的、易懂的和结构化的方法在加拿大经济史研究中的价值。

资源导向型增长:是诅咒,还是福佑?

长期以来,加拿大一直是一个资源密集型的经济体。1900—1999年,加拿大近20%的国内生产总值来自资源开采和加工行业(Keay, 2007)。因此,在加拿大发展的大背景下,"资源诅咒"的威胁一直很严重。杰弗里·萨克斯和安德鲁·沃纳(Jeffrey Sachs and Andrew Warner, 2001)使用标准的增长方程,对1970—1989年69个国家的面板数据进行了研究,他们发现各国出口自然资源的密集程度与其实际人均收入的增长之间存在非常显著的负相关关系。萨克斯和沃纳将这种关系戏称为"自然资源的诅咒",这个说法非常有名。尽管一直有研究将这项发现作为主题,对许多国家、不同时期的情况都做过研究,但事实证明这种关系非常稳固(Auty,2001；Lederman and Maloney,2007)。资源诅咒通过怎样的因果关系发挥作用,大体上与人们担心追逐资源租金会将生产要素从更能促进增长的经济活动中抽走有关。资源租金作为一种经济增长的源泉,人们认为它并不可取,因为它与腐败、薄弱的制度(特别是产权方面的制度),以及糟糕的政策和创业决策有联系(Lederman and Maloney,2007)。更一般地说,人们并不认为开采与加工资源是在促进增长,因为它们被看作是技能较低的劳动密集型活动,或者技术较差的资本密集型活动,因此,它们的生产率不高。除了这些结构性缺陷之外,资源密集型产品在国际市场上的价格实质上不如供给更具弹性、资源密集程度较低的贸易商品稳定,普雷比什-辛格假说(Prebisch-Singer Hypothesis)表明,自 20 世纪初以来,资源出口国的贸易条件处于长期下降的态势(Cuddington et al.,2007)。如果我们把这些因素跟货币升值的威胁,以及跟与"荷兰病"有关的投入品价格的通胀联系起来,似乎就有充分的理由来担心资源专业化之于长期增长的效应了。

萨克斯和沃纳认识到,在当代资源诅咒的证据上套用早期工业化国家(如美国、斯堪的纳维亚国家、澳大利亚,当然还有加拿大)的经历是有问题的。在 19 世纪末和 20 世纪初,这些国家在生产和贸易方面资源密集程度都很高(Bhattacharyya and Williamson,2011；Keay,2007)。萨克斯和沃纳(Sachs and Warner,2001)认为,与更为现代的发展中经济体相比,这些国家可能对资源开采与加工的依赖程度比较低,或者 19 世纪、20 世纪之交的高昂运输成本,再加上偏爱使用消耗能源的技术,使得资源诅咒的恶劣影响减轻了。计量史学家通过将增长理论应用于资源问题,积累了大量定量的历史证据(特别是加拿大的),对资源诅咒的普遍性提出了挑战,使得人们对资源诅咒叙述中因果关系的决定因素和预测能力提出了质疑。

加拿大无疑是资源主导工业发展与多样化的一个例子,它取得了成功,而且一直都是如此,计量史学的工具对于记录加拿大这方面的历史经验是有帮助的。W.A.麦金托什(W.A. Mackintosh,1923)最初用一个模型来表述

"主要产品理论"（staples thesis），描述了在一个起初资源丰富但劳动力和资本匮乏的经济体中，全球化和行业间的外部性如何促进工业发展，如何促成多样化。出口需求和对资源租金的追求，吸引外资进入了基础设施项目以及资源开采和加工行业。这些行业和项目会产生租金，这能提高国内的收入水平，并扩大国内对资源密集程度较低的制造业、建筑业和服务业的需求。运输成本的优势使当地原材料投入的供给曲线发生了改变，为利用地理位置接近资源的制造业提供了额外的推动力。在这个模型中，资源部门对经济体集约发展、粗放增长，以及多样化具有直接和间接的贡献，即使出现资源枯竭的情况，其总体的影响也可能是巨大且持久的。

127

凯伊（Keay，2007）使用四方程的向量自回归体系，利用 1900—1999 年行业层面的价格数据和产出数据，对加拿大资源产出、原材料价格、非资源密集型制造业的产出和服务业的产出做了长期时序模式检验。他发现，是国内资源开采与加工的增长这个"格兰杰原因"引发加拿大原材料价格下跌、非资源密集型制造业和服务业的产出增加。尽管这些结果并不能提供系统的证据，表明"主要产品理论"（staples thesis）整个 20 世纪期间在加拿大一直有效，但它们与模型预测的时序模式完全一致。通过计算 1900—1999 年产业间这些间接的外部性总共有多少经济价值，并估算每年工业的资源租金和具体生产阶段的资源租金是多少，我们可以得知，资源专业化使 20 世纪加拿大实际人均国民生产总值的增长率略有下降（从每年 2.1％下降到了每年 2.0％），但由于对加拿大的资源禀赋进行开采和加工，加拿大的平均收入水平提高了近 18％（Keay，2007）。

资源专业化对加拿大 20 世纪经济增长的负面影响并不大，来自面板数据更为现代的证据表明存在资源诅咒，二者并不矛盾，但是，资源专业化对收入水平的正向效应很大，这与萨克斯和沃纳所指的资源诅咒完全不符。同样，计量史学工具可以帮助我们处理这种明显的不一致性。博伊斯和埃默里（Boyce and Emery，2011）将霍特林（Hotelling，1931）最佳开采模型（optimal extraction model）的主要方面加了进来，对基础的、外生的宏观增长环境做了补充。他们在面板数据中对相对生产率的差异做了一些合理的假设（即非资源密集型制造业的生产率高于资源产业的全要素生产率），结果表明资源专业化与较慢的收入增长率有关，但收入水平会大大提高，这从理论上来讲是一致的。在他们的模型中,累积的资源租金会让收入水平提高,但霍特林环境下最佳的开采途径反映出,在提高资源租金(日益稀缺)和其他资产的回报率之间需要权衡。因此,最初的资源密集型经济体会把生产要素从资源产业转移到生产率更高的替代产业,但转移速度要比最初资源密集程度不高的经济体缓慢。因此,在存在最优决策的情况下,资源专业化可能会导致收入的增长率下降,用当代数据研究资源诅咒的文献作者也这么认为。但资源专业化与较高的收入水平有关,这就像凯伊在20世纪的加拿大发现的那样。

　　加一点经济结构,收集长期证据,并细致地做实证检定,这并不一定会让现代环境下资源诅咒的普遍性遭到破坏,但经由当代面板数据得出的结果,确实有助于让加拿大和其他早期工业化国家的历史经验取得一致。资源主导型经济的增长可能要比资源密集程度较低的经济体增长得略慢,但从长远来看,在一个资源丰裕的经济体中,普通人的境况将明显好于一个资源贫乏的经济体中的普通人。

原住民与毛皮贸易:市场信号、人口统计和耗减

　　加拿大早在1900年之前就在从事资源密集型活动。我们对北美原住民和从事毛皮贸易的欧洲人之间早期互动的认知,影响着我们对第一民族(First Nations)* 的看法,也影响着我们怎么看待他们与商业市场的关系的性质。将经济理论和统计分析用在法国贸易公司留下来的(更重要的是哈得逊湾公司留下来的)数量庞大的证据上,使得长期持有的观点和传统的叙事正在发生改变(Ray and Freeman,1978)。在18世纪,哈得逊湾公司在整个哈得逊湾流域交易各种动物毛皮,但他们主要的交易标的是海狸皮,他们用60多种不同的欧洲产品来换取海狸皮。在各个贸易站点每年的贸易账户中,对贸易量以及毛皮与欧洲商品的兑换比例都有记载,安·卡洛斯和弗兰

---

* 在官方登记处注册过的、在印第安人法令管理下的加拿大印第安人自称"第一民族",以表明自己是最早居住在美洲大陆的主人。——译者注

克·刘易斯（Ann Carlos and Frank Lewis，2010）用这些数据建立了毛皮的价格指数。捕猎者在不同时间、不同贸易站点赚取到的毛皮价值信息表明，参与记录在案的交易的原住民，更像新兴的工业革命中"勤勉的工人"，不像前现代欧洲"温顺的农民"。

在整个18世纪中，随着哈得逊湾贸易站交易的毛皮价格稳步走高，原住民捕猎者在维持购进必需品的情况下，大幅增加了奢侈品——包括布料、珠宝和烟草——的购买量。在此期间，酒的购买量也有所增加，但相对于整个贸易的价值而言，这点购买量微不足道。并且，在总的购买量面前，所有关于酒精在这个时代对原住民社会颇有影响的说法都不足为信。被带到贸易站点的各种毛皮价值几何？卡洛斯和刘易斯（Carlos and Lewis，1999）掌握了这方面的证据，他们用一个简单的库存耗减 logistic 模型对这些信息做了分析。他们的研究表明，毛皮的相对价格在变化，耗减率在上升，原住民捕猎者愈加勤奋，也在重新分配他们的精力，以此来应对上述两方面的变化。

人们还使用哈得逊湾公司的记录以及其他定量的证据，来重新审视欧洲商人将天花带到加拿大西北部的原住民族群中所产生的影响。卡洛斯和刘易斯（Carlos and Lewis，2012）重点对特定的一场天花疫情做了研究，这场疫情在18世纪80年代初席卷了哈得逊湾地区。在叙述性记载中，原住民人口的死亡率高达60%—90%。卡洛斯和刘易斯追溯了疫情前后几年毛皮贸易量的情况，发现贸易量只有小幅下降，价格波动有限。哈得逊湾公司的职员和原住民贸易商亲临了被感染的贸易站，卡洛斯和刘易斯根据他们亲眼目睹的记述对总死亡率做了估计。他们又计算了该地区的驼鹿、野牛和其他资源可能支撑起多少人口，以此重建了疫情发生前原住民的人口水平。在最后的评估中，他们用了从其他时间更晚、记录更好的疫情中获得的关于天花死亡率的医学证据。据卡洛斯和刘易斯所言，所有的定量证据都表明，原住民的死亡率虽然极高，但可能接近10%—20%，而不是60%—90%。这个结果令人讶异，就像越来越多关于加拿大原住民人口经济生活量化的、计量史学证据也是如此，这使我们的看法——原住民在长期增长和资源主导型的发展中起到了什么作用——有了转变和改进。

小麦潮:时间序列分析与结构突变的识别

将我们的注意力从 18 世纪的海狸转移到 19 世纪末的小麦上,我们会再次看到加拿大的资源禀赋发挥了重要作用。从 1896 年到 1914 年 8 月 5 日加拿大对德国宣战,加拿大人口从刚超过 500 万增长到了近 800 万,以 1900年的美元计算,GDP 从 6.55 亿增长到了近 18 亿,而每年移民的总人数从 1.7万多一点增加到了 40 万(Urquhart,1993)。这段时期的收入和人口的增长在加拿大历史上前所未见,人们称其为"小麦潮"。尽管总体经济的增长明显在加快,但小麦潮很大程度上是因为西部草原的三个省份——马尼托巴省(Manitoba)、萨斯喀彻温省(Saskatchewan)和艾伯塔省(Alberta)——正在发生根本的转变,即使当时最漫不经心的观察者也认识到了这一点。1896—1913 年,小麦出口的增长超过了一个数量级,而几乎整个安大略省以西地区都新铺了铁轨。1913 年,全国铁路总长度几乎翻了一番,超过了 2.9 万英里。同时,仅草原省份人口就从 19 世纪 90 年代初的约 33 万,增加到了1913 年的 130 多万。

最近,计量史学分析已经开始揭示,小麦潮期间加拿大的增长并不像这一时期的记述以及广泛的国家总量和替代指标所显示的那般不平衡。格林和厄克特(Green and Urquhart,1994)对这一时期宏观经济的证据做了详细的探究。他们认为,19 世纪 90 年代中期以后,加拿大的经济增长确实有间断,但这种扩张并不一定仅仅是因为小麦的生产和出口。19 世纪 90 年代初,随着加拿大横贯大陆的铁路线——加拿大太平洋铁路(Canadian Pacific Railway)——的建成,以及国际市场上小麦和面粉相对价格的上涨,草原省份出口的小麦的确开始增加了,但是小麦产量在后来的 20 世纪前十年和 20年代初增长得最快。与人均收入激增更为密切的是,固定资本——特别是基础设施和社会资本的积累——急剧增加,以及城市工业部门和农业部门相对均衡的扩张。1896—1913 年,固定资本总额占 GDP 的比重从略高于 10% 增加到了 30% 以上,国内储蓄率翻了一番多,外资流入增加了两倍多。同一时期,制造业占 GDP 的比重保持在 25% 左右,而农业的比重实际上略有下降,

130

165

从 25％左右下降到了略高于 20％(Green and Urquhart，1994)。

艾伦·格林和戴维·格林(Alan Green and David Green，1993)考察了移民抵达预定目的地后的情况,他们发现,在这一繁荣时期劳动力市场也以均衡增长为特征。他们的数据显示,1890 年以后城市人口的比例有所增加,部分原因是新涌入的大量移民最终相当均匀地分布在加拿大中部的城市中心和草原省份之间。因此,计量史学的证据表明,实际上可以将加拿大的小麦潮更准确地描述为:投资、地理上平衡的人口增长、贸易条件和出口错综复杂的扩张。计量史学家试图找出这些宏观变量之间的联系,以记录加拿大经济在 19 世纪末和 20 世纪初暗含的结构性转变。在这项工作中最常用的工具,是一系列时间序列的计量经济学技术。

例如,英伍德和斯坦戈斯(Inwood and Stengos，1991)检验了 1870—1985 年加拿大国民生产总值和总投资是否存在单位根。宏观时间序列存在单位根,则表明该序列不是趋势平稳的,这说明一些冲击或者对长期趋势的偏离不是暂时的。因此,这些冲击会对这段时间加拿大趋势增长基本的决定因素产生影响。英伍德和斯坦戈斯不能拒绝在 1870—1985 年存在单位根,但当他们在 1896 年、1914 年和 1939 做了结构突变以后,就基本将这个序列划分开了时段,能够对特定时段的趋势加以考量,可以安全地拒绝国民生产总值和投资存在单位根。这一发现的含义是,1896 年小麦潮的开始、1914 年的第一次世界大战、1939 年的第二次世界大战,这些都标志着加拿大基本的宏观经济增长趋势被永久地中断了。英伍德和斯坦戈斯认为,其他所有对经济的冲击,包括 20 世纪 20 年代初加拿大贸易条件的崩溃、大萧条、二战后的"婴儿潮",以及 20 世纪 70 年代的石油冲击,都是暂时的,这意味着,在这些冲击消散后,经济增长又回到了基本稳定的趋势。

这个结果很有影响,它清楚地表明,小麦潮是加拿大经济长期发展历程中一个变革性的片段。然而,英伍德和斯坦戈斯并未明确地就基本增长的决定因素具备什么性质进行建模,实际上他们只是通过阅读加拿大发展的历史资料,自行决定怎样去确定结构突变。埃文斯和奎格利(Evans and Quigley，1995)认为,不能用单变量的时间序列模型来检验结构突变(特定的结构突变或一系列的结构突变)的外生性。他们还证明,要拒绝加拿大国民生产总值和总投资的时间序列存在单位根,1896 年、1914 年和 1939 年这几个断点并不一定是趋势分段的唯一选择。将断点设在时间相近的年份上，以及增设一些新的断点，例如 1920 年、1929 年、1949 年和 1973 年，也可以证实影响加拿大增长的长期冲击并不存在。埃文斯和奎格利批评了英伍德与斯坦戈斯的研究方法，并就他们选择 1896 年、1914 年和 1939 年作为一组影响加拿大增长趋势独特的外生性结构突变提出批判。英伍德和斯坦戈斯（Inwood and Stengos，1995）做出回应，进行了反驳。他们证实，特定分段的界值对他们的单位根检验步骤来说很重要，同时，他们就所选取的仅有的几个断点——1896 年、1914 年和 1939 年——探究了其统计强度，他们论证了引发 1896 年小麦生产和出口扩张的冲击，即技术、气候和国际需求的冲击本来就是外生的，而两次世界大战也完全源于国际问题。

　　在格林和斯帕克斯（Green and Sparks，1999）关于小麦潮的文章中，也采用了时间序列的方法，对加拿大宏观经济增长基本趋势的决定因素如何变动做了研究。然而，他们并非孤立地使用国民生产总值和总投资的单变量模型，而是使用了动态向量自回归（VAR）模型，就 1870—1939 年加拿大人口、实际投资、贸易条件、实际出口和总实际收入之间时间序列的联系建立了模型。在确立了数据的平稳性，对五个宏观变量之间的协整关系做了估计之后，他们通过向量自回归模型估计出的参数建立了脉冲响应函数，这样就能通过他们的方程式绘制出冲击是如何散播的。格林和斯帕克斯发现，五个变量的协整系数——能反映五个变量的长期均衡关系——在 1896—1913 年间很明显，这表明实际上小麦潮才是加拿大趋势增长的结构性间断（structural discontinuity）。脉冲响应的大小揭示了 1896—1913 年出口市场的冲击（外生的）对加拿大实际国民生产总值的实质性影响、实际投资冲击的内生性，以及人口偏离趋势增长所起的关键作用。格林和斯帕克斯（Green and Sparks，1999:57）提出："最显著的结果是，人口创新贡献卓著……这让人均收入的增长上移了 5.7%。"

　　上述对 19 世纪末和 20 世纪初加拿大增长经验进行的时间序列分析——更具体地说，是动态、多变量的方法，其价值在于让我们从各种可能中，笃定地辨别出基本趋势中结构性的间断。我们不仅可以看到，小麦潮标志着一个重大的结构突变——它从根本上改变了加拿大的宏观经济，而且我们可以对外生冲击之于流入加拿大的移民（人口增长）的重要性进行量化，再不济,我们也可以就外生冲击对加拿大出口产品(小麦和面粉)的国外需求的影响加以量化。这些发现不仅揭示了许多关于这一阶段加拿大发展的情况,而且我们也从中学到了更多关于资源导向型增长的一般教训,可以将其应用于其他出口导向型的、资源丰富的国家。

采取保护主义:一般均衡与"新贸易"模型

132 在一个劳动力和资本匮乏的经济体中,只有确保能够进入国际市场,资源导向型的增长才切实可行。加拿大与国际市场的互动在很大程度上取决于其国内贸易政策的结构。总体而言,政策选择,尤其是贸易政策,在加拿大发展中发挥了关键作用。对加拿大来说,政策选择的影响是可以确定的,因为明显存在间断。

19世纪70年代,大陆间和大陆内的运输成本急剧下降,资本和劳动力的流动加快,国际贸易迅速扩大——工业产品和用于工业生产的原材料投入的国际贸易更是如此。在美国,一个分裂严重、由共和党控制的国会,将平均关税税率从1859年的15%,提高到了1870年的45%。尽管也选择性地有过一些调低,但在接下来的20年里,美国的关税税率一直等于或略高于30%(Irwin,2010)。在加拿大,以约翰・A.麦克唐纳(John A. Macdonald)为首的保守党在1878年全国大选的竞选纲领中提出了新的"国家政策"(National Policy),其中包括支持欧洲移民进入加拿大西部,对完全在加拿大境内的横贯大陆的铁路线进行补贴,并且采取明确的贸易保护主义政策目标。保守党在选举中获胜,在其1879年提交议会的第一份预算案中,几乎将整个加拿大关税的税率表都改写了。所有进口商品的平均关税税率从略低于14%上升到了21%,1884年和1887年中,关税又进一步提高了。19世纪90年代和20世纪初,平均关税税率缓慢回落,但1913年在第一次世界大战前夕,加拿大的平均加权关税(average weighted tariff, AWT)税率稳定在18%。在1988年与美国签署自由贸易协定之前,保护主义一直是加拿大贸易政策的首要目标。

传统上,经济史学家将"国家政策"定性为"必要的恶"(Easterbrook and

Aitken，1956）。通常的说法是，贸易保护可能会给国内制造商带来市场支配力和经济利润，而这些利润是以消费者因关税上调而面临更高昂的价格为代价赚取的，但人们认为所有的负面影响都被对幼稚产业（infant industry）施以保护的积极影响抵消掉了。人们认为，必须提高关税，以此来支持进口替代，扩大国内的生产规模，并且激励人们投资于加拿大工业——这些工业正因进口的增长和国际（特别是美国）市场的关闭而苦苦挣扎。

　　一篇修正主义的文献将关注点从对幼稚产业的争论转移到新古典主义李嘉图贸易背景下的静态福利损失（Easton et al.，1988）。修正主义的观点认为，加拿大"国家政策"的关税条款使加拿大的竞争压力降低了，制造商收取的价格能够超过其边际成本，这导致消费者剩余减少了，从而使社会福利降低了。对于由 1879 年转向贸易保护主义带来的静态、局部均衡的福利损失占加拿大 GDP 的比例，学者们的估计从近 4％ 到 0.6％ 不等（Pomfret，1993；Beaulieu and Cherniwchan，2014；Alexander and Keay，2018a）。测量得出的影响为什么会存在大小差异呢？这很大程度上取决于计算无谓损失时对贸易弹性所做的估计。一般来说，国内和国外生产的商品彼此之间替代性越强，导致的无谓损失就越大。由于需要极精细的价格信息、对多边的阻力加以控制，并且要识别出可能是内生的价格，所以在历史情境下，对所需要的弹性做出可靠的估计是有困难的（Alexander and Keay，2018a）。

　　最近，对 1867 年以降加拿大贸易表的数字化处理，促使人们用计量史学方法重新审视"国家政策"中关税的影响，这种方法使用了最近才可获得的、非常零散的、按产品分类的进出口和关税数据，还用了允许偏离通常局部均衡的、新古典主义环境的新贸易模型。关于 1879 年加拿大采取保护主义政策目标的传统文献和修正主义文献，都依赖对大类产品，或者对所有进口产品其关税税率的平均值所做的估计。博利厄和切尔尼夫尚（Beaulieu and Cherniwchan，2014）首开先例，他们使用最近被数字化了的贸易数据，以此来证实麦克唐纳保守党政府所实施的关税变革从本质上看是有很强选择性的。最初一轮关税上调的特点是，只针对用于最终消费的制成品的进口。而在非制成品的原材料，以及主要用作中间投入品的产品方面，关税税率上调的幅度明显较小。亚历山大和凯伊（Alexander and Keay，2018b）使用由格罗斯曼和赫尔普曼（Grossman and Helpman，1994）的"保护销售模型"（pro-

133

tection-for-sale），得出了在理论上一致的指标，证明最可能具有政治影响力的企业生产出来的产品所受到的保护也有了特别大的提升。博利厄和切尔尼夫尚（Beaulieu and Cherniwchan，2014）得出了贸易限制指数（trade restric-tiveness indexes），该指数揭示出这样一种趋势：关税保护针对的是与国内替代品较为接近的进口产品，由此推动了进口替代，大大提高了加拿大关税税率的限制性，而且增加了关税保护的福利成本，特别是 1884 年和 1887 年对关税税率表修订后，这种趋势尤为突出。

幼稚产业"边干边学"（learning-by-doing）的效应很明显，凯伊（Keay，2018）使用基于最优关税设定模型的估计方程，证明 1890 年以后加拿大关税税率逐渐向下调整，这与 19 世纪 80 年代关税的上调一样，都是有选择性的。1890 年以后的关税削减，似乎是针对那些最初采取了贸易保护主义，并在之后的 10 年间露出成熟迹象的产品。成熟产品被定义为学习潜力因 1880—1889 年的净出口增长而下降的产品。1890—1913 年，学习潜力较低的产品的关税税率降低，这就使得因加拿大贸易政策而造成的无谓损失每年大约减少 GDP 的 0.4%。

文献中的这些例子表明，更精细地对贸易数据加以分解，不仅使我们能够更好地了解 19 世纪末和 20 世纪初加拿大贸易政策的复杂性，而且还能让我们用更复杂的建模方法来评估保护性关税的影响。要从李嘉图的贸易模型中得出局部均衡、静态的无谓损失的计量结果，那么标准的新古典主义假设必须成立，其中包括完全竞争、市场出清、无外部性和规模报酬不变。然而，利用在 20 世纪 80 年代和 90 年代开发出来的"新贸易"模型，能够在不满足这些标准假设的经济环境中，对贸易限制产生了什么影响进行评估（Melitz and Trefler，2012）。

134　　哈里斯等人（Harris et al.，2015）根据从两个新贸易模型得出的预测结果，来解释一系列从双重差分和处理强度指标得出的结果，这些指标使用了最新被数字化了的 1870—1910 年加拿大以 5 年为间隔的贸易数据。第一个模型放宽了完全竞争的假设，将国内制造业视为古诺寡头垄断。在这种环境下，关税可以经由降低加价和利用内部规模经济来促进动态的增长响应。第二个模型侧重于关税保护的影响——它有利于积累经验，通过"边干边学"产生生产力优势。他们将实施"国家政策"作为一个"自然实验"，在这场实验中,一些生产者的产品的关税税率增长得要比另一些生产者多一些。他们发现,1879 年关税上调幅度最大的产品,在 1890—1913 年间的产出经历了不成比例的快速增长,生产率提高了,产品价格下降了。这些动态增长效应与新贸易模型的理论预测是一致的。也就是说,关税保护使国内产出增长得更快了,这就使生产者的长期平均成本曲线有一个向下的移动,并使它们的学习曲线上移了,这样,生产率提高得就更快了,最终使产品价格下降。

若通过用静态的、局部均衡的计量方法来测度"国家政策"对加拿大经济的影响,那么产出扩张的影响,以及更长期的生产率和价格效应是计量不出来的。采用新贸易模型为我们提供了一个新视角,我们可以通过它来看待加拿大早期采取保护主义目标的做法。当我们从局部均衡模型转向度量福利的一般均衡方法时,我们就打开了一个新视角。亚历山大和凯伊(Alexander and Keay,2018a)用多行业静态的、一般均衡的贸易模型发现,即使是像 19 世纪末的加拿大这样小型的开放经济体,增加关税保护也不一定会导致其总福利下降。在一般均衡的情况下,提高关税确实会使局部均衡的价格发生扭曲,从而造成无谓损失,但这也会增加政府收入,并且会对国内贸易条件产生积极的影响。对福利的净影响不一定是负的。亚历山大和凯伊(Alexander and Keay,2018a)使用来自加拿大、美国和英国特定产品的贸易数据,证明若在"国家政策"下加征关税,尽管其一般均衡的福利效应对加拿大历史贸易弹性不同估计数的选取很敏感,但若参数选取合理,那么 1877—1880 年加拿大的福利增加量可能相当于国内生产总值的0.16%,原因是加拿大单方面采取了贸易保护主义。当然,他们还证明,如果加拿大及其贸易伙伴在 19 世纪后期奉行多边自由贸易,而不是单边保护主义,那么福利将大幅增加。

我们如何理解加拿大贸易政策的复杂性?如何理解 1879 年采取保护主义所产生的影响?这些研究结果表明,由于累积了非常精细的进出口数据和关税数据,所以近来我们的看法也发生了改变,这反过来又让我们能够更灵活地构建模型。我们如何看待加拿大工业的发展?如何看待国内贸易政策对这一发展的影响?依赖定量的证据,通过从计量史学的角度进行分析,利用理论上一致的方法进行解释,这些都让我们的看法发生了改变。

135

运输成本：陆内运输和对铁路的补贴

　　加拿大在 1879 年采取保护主义，至少在一定程度上是为了应对贸易成本下降和迅速全球化带来的压力。贸易成本是关税税率的函数，但运输成本是另一个重要的影响因素。从 1870 年到第一次世界大战开始之前，全球的跨洋运费下降了 35%—85%，具体下降了多少，取决于运输路线和所运输的产品（Jacks and Pendakar, 2010；Mohammed and Williamson, 2004）。除了运费下调以外，保险费、码头费和经纪费同样也大幅降低了（Inwood and Keay, 2015）。在 1870—1913 年间，加拿大进出口总值占国内生产总值的比例始终在 40% 左右，对于这样一个依赖贸易的国家来说，运输成本下降，洲际商品市场快速整合，这对经济的影响可能是巨大的。

　　英伍德和凯伊（Inwood and Keay, 2015）探讨了加拿大贸易量与运输成本之间的关系，他们将重点放在了生铁这种产品上，而生铁在 19 世纪末 20 世纪初已经成了工业发展的关键指标。1870—1913 年，将一吨净生铁从利物浦码头运往蒙特利尔港的总成本，从 6.71 美元下降到了 4.10 美元。令人惊讶的是，跨洋运输成本下降了近 40%，英国输出品在加拿大市场上的份额并没有扩大，二者并不一致。加拿大消耗的生铁中，从英国进口的份额在 1870 年为 30%，而在 1913 年下降到了不足 5%。英伍德和凯伊采用了工具变量的方法来控制运输成本，控制国内生铁价格和英国生铁装运量之间的内生关系，对可变的对数线性阿明顿进口需求参数做了估计。他们的结果显示，跨大西洋运输成本的下降确实使英国的生铁贸易增加了，但海运运费下降的影响被加拿大关税税率的上涨，尤其是内陆水运和铁路运输成本的下降抵消了。

　　生产生铁的主要原料是铁矿石和煤炭。加拿大绝大多数高炉从密歇根州北部进口铁矿石，从宾夕法尼亚州进口煤炭。就加拿大生产商使用的煤炭和铁矿石这两样投入品的价格而言，运输成本所占的份额从 1870 年的高于 45% 下降到了 1913 年的 26%。运输成本暴跌是第一次全球化时期的特征，这对试图在本国市场中与英国出口商一争高低的加拿大生铁生产商而言是利好,而对跨越大西洋运输生铁的英国出口商来说却并非如此。英伍德和凯伊对特定贸易关系的研究表明,一个详细的、有理论基础的、但关注点较窄的分析是怎样帮助我们解决更一般、适用性更广的历史问题的。他们的研究结果凸显出在这个工业快速发展、全球市场走向一体化的时期,陆内铁路和内陆航运成本所起的关键作用。

鉴于加拿大的经济活动在地理上是分散的,并且陆内运输成本关系紧要,所以在对加拿大国内发展进行研究时,铁路长期以来一直占据重要地位就不足为奇了(Lewis and MacKinnon,1987;Carlos and Lewis,1995)。加拿大规模最大、连续运营时间最长的铁路是加拿大太平洋铁路,它横贯大陆的主干线于1885年建成。修建一条横贯加拿大的铁路,并且它完全在加拿大的土地上,这是约翰·麦克唐纳"国家政策"的三大支柱之一。这条横贯大陆的铁路线在技术上是一项了不起的成就,它有助于将东西走向的市场整合起来,以此抵挡边境以南的美国市场的吸引力。这条铁路线已被公认为是加拿大早期经济发展的基石。然而,麦克唐纳保守党政府在铁路建设中所起的作用,几乎从公司诞生之日起就备受争议。

联邦政府为加拿大太平洋铁路提供了草原省份一大片优质的农业用地,一大笔现金补助,无限制地给予其铁路沿线的建筑材料,其他的好处还有不少。这些补助是否低效,是否过度?最先解决这个问题的是彼得·乔治(Peter George,1968)和劳埃德·默瑟(Lloyd Mercer,1973)。他们使用公司的财务报告,对回报率做了"事后"的估算。两位作者都发现,加拿大太平洋铁路的私人投资者最终获得的收益远高于其投资金额的机会成本。然而,埃默里和麦肯齐(Emery and McKenzie,1996)指出,当时政府和投资者要做出的决定实际上是"事前"的。加拿大太平洋铁路的未来存在着相当大的不确定性,更普遍的情况是,19世纪末铁路投资的回报往往极不稳定、不可预测。由于认识到新建横贯大陆的铁路线将等待更多信息的益处排除了,由此解决了不确定性的问题,所以埃默里和麦肯齐采用了一个金融期权模型(financial options model),该模型既能捕捉到事前不确定性的影响,也能捕捉到该建设决策的不可逆性。埃默里和麦肯齐对私人投资者面临的事前不确定性给出了合理的假设,这些假设是通过衡量美国类似的铁路投资赚取的回报波动性如何来确定的。他们发现,加拿大太平洋铁路获得的补贴不仅

136

是启动项目所必需的,而且事实上它相当有限,至少在从私人投资如此大规模的基础设施项目所招致的风险来看是如此。因此,"国家政策"对铁路的补贴可能刚好会刺激私人修建铁路,这有助于将四散的国内市场整合起来,降低陆内运输成本,从而促进工业的发展。他们的发现表明,就"国家政策"的关税和铁路建设目标而言,只有使用计量经济学的工具,对特定的行业(生铁行业)和个别的公司(加拿大太平洋铁路公司)进行微观层面的研究,才能为政府决策者开脱,才使由他们的政策选择带来的长期发展后果变得清晰。

移民:自我选择与同化

约翰·麦克唐纳"国家政策"的第三个,也是最后一个支柱是推动移民进入加拿大。由于移民跨越开放的边界向南迁移到美国的人数,几乎与从欧洲抵达的移民人数一样多,因此在 19 世纪末大部分的时间里,加拿大的净移民几乎为 0。例如,在 1870—1895 年间,平均每年在加拿大港口和陆路过境点登记的新入境者超过了 5.5 万人。然而,在同一时期,每年有 6 万人离开加拿大。去往美国的人口和人力资本的净损失并未随着 1879 年"国家政策"的通过而突然中断,而是在 1896 年小麦潮开始后戛然而止。从 1896 年到第一次世界大战期间,移民总数每年增长 18% 以上,而净移民人数则大幅上升。在此期间,每年新移入的移民数量比移出的移民多 5 万人(Green and Urquhart, 1994)。尽管在两次世界大战期间和 1896—1930 年净移民数量略有下降,但移入的移民对加拿大人口的增长起了关键作用,使加拿大人口增加了一倍多,达到 1 000 多万。这一阶段的增长改变了加拿大的劳动力市场和整个加拿大人口的人口学特征。

传统叙述的侧重点在"国家政策"直接补贴运输成本起到了什么作用,保持开放的移民条例——鼓励乌克兰、俄罗斯、斯堪的纳维亚,以及更广泛的东欧农民和农业劳动力前往新垦殖的草原省份的麦田——起到了什么作用。艾伦·格林和戴维·格林(Green and Green, 1993)使用人口普查数据和从船舶舱单中提取出来的微观数据——包括单个移民及其家庭的特征和预期目的地的详细信息,来探讨1912年新移民在加拿大的劳动力市场上如何分配其人力资本。使用多元logit模型能将移民预期目的地的概率与其个人和家庭的特征,以及他们目的地劳动力市场的特征联系起来。艾伦·格林和戴维·格林(Green and Green,1993)发现,新来的人并不是特别青睐西部,也并非偏爱农业劳动力市场,相反,他们寻觅的地点和谋求的职业不仅与其技能相符,而且还满足了部门和区域劳动力市场的需求。这个结果有一个含义是,即使在1896年以后有大量外来的劳动力流入,也未对加拿大的工资分配产生实质性影响。

艾伦·格林和戴维·格林(Green and Green,2016)从1911—1941年人口普查的手抄本中选出随机样本,利用嵌套的CES生产模型估算出了按年龄-职业-出生地区分的替代弹性,证实了这一发现并使之得以拓展。他们再次发现,经由自我选择、抵达后重新分配,以及一般均衡的工资效应的某种结合,移民带来的、特定市场的人力资本与加拿大市场上现有的人力资本的分布大致相符。

当然,新移民人力资本的均衡分布,以及其对市场信号反应的证据,并不一定意味着他们顺利地或者迅速地与加拿大的劳动力市场实现了同化。艾伦·格林和玛丽·麦金农(Alan Green and Mary MacKinnon,2001)使用20世纪初多伦多和蒙特利尔人口普查手抄本中的样本,来探讨相对于在本地出生的人而言,在外国出生的人在劳动力市场上的经验如何。他们的研究结果表明,大萧条时期在外国出生的人失业率更高,而且失业的时间更久。他们根据完全灵活的年龄-收入资料进行估计,结果显示20世纪初工资同化得非常缓慢,部分原因是在外国出生的人担任文书职位的比例过低。迪安和迪尔马加尼(Dean and Dilmaghani,2016)利用1901年和1911年人口普查手抄本中的样本,使用"虚拟群组"(pseudo cohort)的方法,更深入地对来自英格兰和爱尔兰的移民进行了研究,这样他们就能够对入境时的情况和同化效应做出区分。他们还发现,工资同化的速度缓慢。并且他们可以证明,移民甫一进入加拿大劳动力市场时最初可获得的收入,在1896年以后随着移民持续涌入有所下降。英伍德等人(Inwood et al.,2016)就同化问题又找到了其他时间序列的证据,他们使用了1911年、1921年和1931年人口普查手抄本中的样本,对年龄-收入情况进行了估算。他们发现,

138

1911 年和 1921 年移民同化的速度相对较快,但在 1931 年有了急剧的逆转。即使是在许多年前移民至加拿大的那批人中间,大萧条期间,在外国出生的人收入下降的幅度也要比本地出生的人大得多。这些发现再次表明,劳动力市场的调整和个人自我选择这两股力量在国内市场中发挥了多大作用。

亚历克斯·阿姆斯特朗和弗兰克·刘易斯(Alex Armstrong and Frank Lewis, 2012)使用来自船舶乘客名单的证据,对 20 世纪 20 年代移民抵达加拿大后的选择做了更深入的研究。他们指出,加拿大劳动力市场和欧洲故土劳动力市场之间的平均收入差距可能高达 400%。这可以被作为证据,以证明在移民母国人力资本分布最顶层的人自我选择性更强。然而,阿姆斯特朗和刘易斯从生命周期模型中得到了启示,他们在这个模型中引入了对母国的偏好,并假定借款是受限制的。他们提出,欧洲和加拿大人的平均收入差距较大,这未必能反映出自我选择的倾向很明显。在他们的模型中,潜在的移民必须储蓄数年,才能做按自己移居的决定采取行动,部分原因是移民抵达以后调整的时间可能很长,而且花费很高。新移民可能会面临职业地位下降的情况,那些来自比较贫穷的国家的移民更是如此,而且他们几乎肯定会失去与自己母国市场相关的便利设施。这些因素都表明,特定市场的特征和人力资本很重要,但收入差异大仅仅是促使其移徙的必要条件,不一定反映出自我选择的程度大。这些——移民迁移的决定、他们同化的经历和政策的作用,以及他们对加拿大劳动力市场和收入分配的影响方面——见解,只有在认真应用理论的和统计的计量史学工具以后才能被揭示。反过来,这些工具只有在对可靠的微观数据精心地加以汇编,并且对其做了数字化处理以后才能供人使用。

创业失灵:测量生产率与技术变革

M.C.厄克特(M.C. Urquhart, 1993)为我们提供了 1870—1926 年加拿大人均收入的估计值。1926 年是加拿大统计管理局(Dominion Bureau of Statistics)官方 GDP 数据最早可供查阅的年份。多亏厄克特付出极大的艰辛才得到的这些估计数,我们因此有了连续且一致的基础,可以据此将加拿大的宏观经济绩效与广泛的国际基准进行比较,几乎能够贯穿加拿大工业发展的整个过程。由于美国与加拿大在地理、文化、历史和制度上接近,所以美国至今是加拿大最常见、也最顺理成章的比较对象。长期以来,加拿大的人均 GDP 一直比美国的低。加拿大和美国之间平均收入的差距一直稳固在10%—30%之间(完全取决于价格是如何计量的),美国较高,统计上的收敛速度接近于 0(Urquhart, 1993)。

标准的宏观经济增长模型告诉我们,收入的增长和趋同主要取决于物质资本、人力资本和技术发展的累积。至少从 18 世纪中叶开始,大多数的资本积累和技术变革都源自工业生产过程。相较于美国而言,加拿大的人均收入一直较低且差距有所扩大,经济民族主义者吸收了上述观点,因此笃定地认为这种现象是由国内实业家造成的(Williams, 1994)。"工业失灵"的叙述重点关注政府在贸易、工业、移民方面的政策决定产生了什么后果,而这可以追溯至 1879 年的"国家政策"(Eastman and Stykolt, 1967)。据称,这些政策选择引发了广泛的经济、政治和社会问题,这其中就包括太多的加拿大资本被握在美国手里,以及糟糕的创业决策。能为这个传统观点提供支撑的证据,通常来自商业史和传记的轶闻,其中描述了"落后"或"狭隘"的技术(Naylor, 2006; Bliss, 1990);或者是关于劳动生产率、规模和产品价格的高度汇总的信息(Baldwin and Gorecki, 1986)。

当我们使用微观经济学理论和审慎的定量分析这两样工具,从计量史学的角度来解释这一观点时,这些关于加拿大工业长期、持续失灵的说法明显就有问题了。自 19 世纪末 20 世纪初以来,加拿大的劳动力和动力(更具体地说是电力)与美国相比要便宜一些,而资本却很昂贵(Wylie, 1990; Keay, 2000a; Inwood and Keay, 2008; Harris et al., 2015)。由于这些投入品的价格差异反映的是地理禀赋、制度和政策上的差异,我们可以合理地假定它们是既定的,因此对加拿大工业组织内的单个决策者而言,它们是外生的。存在定义明确的工业技术的情况下,成本最小化表明最优决策可以导致差别迥异的投入组合、技术选择和产出决策,适用的场合是外生的市场条件(尤其是投入品的市场条件)在不同的生产单元之间存在差异。换言之,劳动生产率低、产出水平低,并且所使用的工业技术被商业史学家或经济民族主义

140

者认为与技术前沿相去甚远（主要是因为它与美国的技术有差距）并不一定
是决策不力和工业不灵的证据。要想更好地检验工业绩效，就需要对技术
选择、投入品的使用决策以及整个生产过程的生产率加以评估，前提是国内
的投入品具有独特市场条件。

汤氏生产率指数（Tornqvist productivity indexes）是相对劳动、资本和中
间投入的部分要素生产率的几何平均数，要素的权重是要素成本所占的比
例（如果我们假设市场条件是竞争性的），或者由应用计量经济学来估算可
变生产函数的参数所得。我们能通过这些全要素生产率的指数，来对不同
生产单元（例如加拿大和美国的制造业）和不同时间的绩效进行比较（Keay，
2000b；Inwood and Keay，2008）。英伍德和凯伊（Inwood and Keay，2008）构
建了1870年的汤氏生产率指数，他们对加拿大和美国人口普查手抄本中安
大略省以及美国纽约州、俄亥俄州、宾夕法尼亚州和密歇根州边境县份工业
组织的微观数据做了精心匹配。他们发现，在加拿大和美国边境沿线的工
业组织中，美国生产商平均的全要素生产率比加拿大的高近10%。全要素
生产率的差距并不大，尽管有明显的证据表明1870年加拿大工业组织的人
均产出比美国少近28%，加拿大工业组织的规模更小、季节性更强，它们使
用的资本较少、使用的原材料较多，它们不常使用的蒸汽或水力，加拿大工
厂的数量要少很多，加拿大的市场也比美国边境县的市场弱得多（Inwood
and Keay，2005）。

对加拿大和美国工业生产率的比较，只能在更窄的横截面上在更长时间
内进行比较。凯伊（Keay，2000b）从《穆迪工业手册》（*Moody's Industrial
Manuals*）里找了公司层面的证据，这些资料来自78家公司，能代表加拿大
和美国的9种制造业。他比较两国的生产率后发现，很明显，北美全要素生
产率的差距一直存在，从20世纪10年代到20世纪90年代的几十年间，两
者的平均差距不足10%。从19世纪70年代到20世纪末，加拿大和美国的
全要素生产率几乎是持平的，这方面的证据显然与加拿大工业失灵的说法
不尽一致。要想让证据和说法一致起来，就需要对技术变革和投入品使用
长期的模式详加分析。

广义里昂惕夫和超对数函数在形式上很灵活，因为能够用它们来对生产
技术——随着时间的推移，不同生产单元的生产技术可以独立发展——进行

估计与核定。因此,投入品的使用可能具有异质性。在这些生产和成本函数的参数方面,技术变革极有可能是非中性的。函数的灵活性能使人们对在千差万别的经济环境(例如,19世纪末和20世纪加拿大与美国投入品市场的特征)中运行的生产单元之间的工业绩效——投入品的使用决策、技术选择和全要素生产率——做出比较。

　　威利(Wylie,1990)用投入需求函数对加拿大和美国制造业的样本做了估计,由基础的超对数生产函数求出参数。估算结果显示,1900—1929年加拿大生产商使用的技术特别偏重于使用电力,与美国相比尤甚,因为相比之下,加拿大的电价下跌得最为剧烈。国内独特的技术偏好能体现出投入品在相对价格上存在差异,凯伊(Keay,2000a,b)使用从广义里昂惕夫成本函数导出的投入需求方程对1902—1990年的情况做了估计,发现了相同的趋势:加拿大生产商青睐使用劳力,偏爱节约资本。凯伊的投入需求估计也反映出加拿大边境两边在投入品使用方面是有差异的,加拿大投入品的相对价格在下降,使用的劳动力和原材料在增加,而加拿大资本的相对成本在20世纪有所增加,资本的密集度随之降低了。加拿大边境两边在采用农业新技术(包括拖拉机)的模式上存在差异,可以确信这与加拿大草原省份和美国中西部各州相比的燃料、劳动力和资本的价格如何变化是有联系的,即使到了20世纪上半叶仍旧如此(Lew and Cater,2018)。

　　在成本最小化下最优决策的理论预测,对可变的、基础的生产和成本函数的参数估计,对全要素生产率的计量,在这三者的指引下,人们对政策选择给加拿大的工业绩效带来的影响有了新的认识——这与经济民族主义者传统的工业失灵叙述相悖。针对独特的、可能由政策引起的价格差异,加拿大的制造商采用技术手段并对其加以调整,他们在投入品方面倾向于使用相对廉价的劳动力和原材料,同时也在节省昂贵的资本。我们不能通过褊狭地检视偏要素生产率,或者依赖对"落后"的技术选择的叙述性描述,来观察这些决策所产生的影响。计量史学的工具让我们能够在加拿大制造商中找出合理决策和工业成功的证据。这些证据表明,至少自1870年以来,技术和投入品使用的选择促进了技术效率和全要素生产率的增长,使得它们几乎与全球技术领先者的水平不相上下。

141

结　语

　　加拿大长期的经济和工业发展，其特征是政策、技术和产业结构的变化不连续，由此引发的后果是复杂的，而且往往是内生决定的。因为存在这些不连续性，再加上有非常好的历史证据，而且能够使用计量史学的工具和技术，所以我们能够就加拿大的经验提出各种各样的历史问题。历史和当下有许多相似之处，使这些问题在时间和空间上具有广泛的相关性。加拿大经济史的特征是复杂性、共同经验和高质量的证据恰巧都存在，这让我们能够对已被接受的、长期存在的传统叙事重新加以审视。从本章的述评中可以看到，很明显证据和经济理论经常（但并不总是）与这些叙述不相符合。

　　我们对以资源为主导的发展加以研究，发现多样化的联系有助于克服资源租金和价格波动的讹误影响（corrupting effects）。此外，海狸皮贸易揭示了原住民商业交易中的决策是动态的，而且反应灵敏。而随着草原小麦经济的兴起，人口的繁盛和出口的繁荣随之而来，使加拿大基本的增长趋势发生了结构性的变化。

　　当我们将注意力转向政策选择的影响时，我们发现加拿大在1879年根据"国家政策"选择性地采取保护主义，这与动态的生产力效应、对幼稚产业的保护有关，甚至可能与福利的改善有关。在第一次全球化时期的运输成本革命中，陆路运输成本发挥了关键作用，加拿大政府支持国内铁路建设的努力似乎既有效又高效。我们还可以看到，加拿大的移民政策直到20世纪仍旧相当开放，这促使出生在国外的人力资本被加拿大的劳动力市场所吸纳。最后，从证据来看，政策引致加拿大生产商创业失败的说法是站不住脚的。

　　诚然，尽管这篇关于计量史学对加拿大经济史产生了什么影响的述评不甚完善，但它确实说明了结构化分析的价值和统计学严谨性的力量。计量史学家通过在复杂、多变和快速发展的经济环境（这是加拿大长期发展的特征）中找出原因，改变了我们对加拿大经济史的看法，这反过来又影响了我们对资源丰富、快速全球化的经济体的发展更为广泛的看法。

参考文献

Alexander, P., Keay, I. (2018a) "A General Equilibrium Analysis of Canada's National Policy", *Explor Econ Hist*, forthcoming.

Alexander, P., Keay, I. (2018b) "Responding to the First Era of Globalization: Canadian Trade Policy, 1870—1913", unplublished manuscript at Journal of Economic History.

Armstrong, A., Lewis, F.D. (2012) "International Migration with Capital Constraints: Interpreting Migration from the Netherlands to Canada in the 1920s", *Can J Econ*, 45:732—754.

Auty, R. (2001) "The Political Economy of Resource Driven Growth", *Eur Econ Rev*, 45:839—846.

Baldwin, J., Gorecki, P. (1986) *The Role of Scale in Canada/US Productivity Differences in the Manufacturing Sector, 1970—1979, Research Study volume 6, Macdonald Commission*. U of T Press, Toronto.

Beaulieu, E., Cherniwchan, J. (2014) "Tariff Structure, Trade Expansion and Canadian Protectionism from 1870—1910", *Can J Econ*, 47:144—172.

Bhattacharyya, S., Williamson, J. G. (2011) "Commodity Price Shocks and the Australian Economy since Federation", *Aust Econ Hist Rev*, 51:150—177.

Bliss, M. (1990) *Northern Enterprise: Five Centuries of Canadian Business*. McClelland-Stewart, Toronto.

Boyce, J., Emery, J.C. (2011) "Is a Negative Correlation Between Resource Abundance and Growth Sufficient Evidence that There Is a Resource Curse?", *Resources Policy*, 36:1—13.

Carlos, A.M., Lewis, F.D. (1995) "The Creative Financing of an Unprofitable Enterprise: The Grand Trunk Railway of Canada", *Explor Econ Hist*, 32:273—301.

Carlos, A.M., Lewis, F.D. (1999) "Property Rights, Competition and Depletion in the Eighteenth-Century Canadian Fur Trade: The Role of the European Market", *Can J Econ*, 32:705—728.

Carlos, A.M., Lewis, F.D. (2010) *Commerce by a Frozen Sea: Native Americans and the European Fur Trade*. University of Pennsylvania Press, Philadelphia.

Carlos, A. M., Lewis, F. D. (2012) "Smallpox and Native American Mortality: The 1780s Epidemic in the Hudson Bay Region", *Explor Econ Hist*, 49:277—290.

Cuddington, J.T., Ludema, R., Jayasuriya, S.A. (2007) "Prebisch-Singer Redux", in Lederman, D., Maloney, W.F. (eds) *Natural Resources: Neither Curse nor Destiny*. Stanford University Press and The World Bank, Washington, DC, pp.103—140.

Dean, J., Dilmaghani, M. (2016) "Economic Integration of Pre-WWI Immigrants from the British Isles in the Canadian Labor Market", *International Migration and Integration*, 17:55—76.

Easterbrook, W. T., Aitken, H. G. J. (1956) *Canadian Economic History*. Macmillan, Toronto.

Eastman, H., Stykolt, S. (1967) *The Tariff and Competition in Canada*. Macmillan, Toronto.

Easton, S.T., Gibson, W.A., Reed, C.G. (1988) "Tariffs and Growth: The Dales Hypothesis", *Explor Econ Hist*, 25:147—163.

Emery, J. C., McKenzie, K. J. (1996) "Damned if You Do and Damned if You Don't: An Option Value Approach to Evaluating the Subsidy of the CPR Mainline", *Can J Econ*, 29:256—270.

Evans, L.T., Quigley, N.C. (1995) "What Can Univariate Models Tell Us about Canadian Economic Growth, 1870—1985", *Explor Econ Hist*, 32:236—252.

George, P.J. (1968) "Rates of Return to Railway Investment in Canada and Implications for Government Subsidization of the Canadian Pacific Railway: Some Preliminary Results",

Can J Econ, 1:740—762.

Green, A. G., Green, D. A. (1993) "Balanced Growth and the Geographical Distribution of European Immigrant Arrivals to Canada, 1900—1912", *Explor Econ Hist*, 30:31—59.

Green, A. G., Green, D. A. (2016) "Immigration and the Canadian Earnings Distribution in the First Half of the Twentieth Century", *J Econ Hist*, 76:387—426.

Green, A. G., MacKinnon, M. (2001) "The Slow Assimilation of British Immigrants in Canada: Evidence from Montreal and Toronto, 1901", *Explor Econ Hist*, 38:315—338.

Green, A. G., Sparks, G. R. (1999) "Population Growth and the Dynamics of Canadian Economic Development: A Multivariate Time-Series Approach", *Explor Econ Hist*, 36:56—71.

Green, A. G., Urquhart, M. C. (1994) "New Estimates of Output Growth in Canada: Measurement and Interpretation", in McCalla, D., Huberman, M. (eds) *Perspectives on Canadian Economic History*, 2nd edn. Copp. Clark Longman, Toronto, pp.158—175.

Grossman, G. M., Helpman, E. (1994) "Protection for Sale", *Am Econ Rev*, 84:833—850.

Hamilton, G. C., Keay, I., Lewis, F. D. (2018) "Contributions to Canadian Economic History: The Last 30 Years", *Can J Econ*, 50:1596—1632.

Harris, R., Keay, I., Lewis, F.D. (2015) "Protecting Infant Industries: Canadian Manufacturing and the National Policy, 1870—1913", *Explor Econ Hist*, 56:15—31.

Hotelling, H. (1931) "The Economics of Exhaustible Resources", *J Polit Econ*, 39:137—175.

Inwood, K., Keay, I. (2005) "Bigger Establishments in Thicker Markets: Can We Explain Early Productivity Differentials Between Canada and the United States?", *Can J Econ*, 38:1327—1363.

Inwood, K., Keay, I. (2008) "The Devil is in the Details: Assessing Early Industrial Performance Across International Borders Using Late 19th Century North American Manufacturers as A Case Study", *Cliometrica*, 2:85—118.

Inwood, K., Keay, I. (2015) "Transport Costs and Trade Volumes: Evidence from the Trans-Atlantic Iron Trade, 1870—1913", *J Econ Hist*, 75:95—124.

Inwood, K., Minns, C., Summerfield, F. (2016) "Reverse Assimilation? Immigrants in the Canadian Labor Market During the Great Depression", *Eur Rev Econ Hist*, 20:299—321.

Inwood, K., Stengos, T. (1991) "Discontinuities in Canadian Economic Growth, 1870—1985", *Explor Econ Hist*, 28:274—286.

Inwood, K., Stengos, T. (1995) "Rejoinder: Segmented Trend Models of Canadian Economic Growth", *Explor Econ Hist*, 32:253—261.

Irwin, D. (2010) "Trade Restrictiveness and Deadweight Losses from US Tariffs", *Am Econ J Econ Pol*, 2:111—133.

Jacks, D., Pendakar, K. (2010) "Global Trade and the Maritime Transport Revolution", *Review of Economics and Statistics*, 92:745—755.

Keay, I. (2000a) "Scapegoats or Responsive Entrepreneurs: Canadian Manufacturers, 1907—1990", *Explor Econ Hist*, 37:217—240.

Keay, I. (2000b) "Canadian Manufacturers' Relative Productivity Performance: 1907—1990", *Can J Econ*, 33:1049—1068.

Keay, I. (2007) "The Engine or the Caboose? Resource Industries and Twentieth-Century Canadian Economic Performance", *J Econ Hist*, 67:1—32.

Keay, I. (2018) "Protection for Maturing Industries: Evidence from Canadian Trade Patterns and Trade Policy, 1870—1913", unpublished manuscript at Canadian Journal of Economics.

Lederman, D., Maloney, W. F. (2007) Neither Curse nor Destiny: Introduction to Natural Resources and Development", in Lederman, D., Maloney, W. F. (eds) *Natural Re-*

sources: *Neither Curse nor Destiny*. Stanford University Press and The World Bank, Washington, DC, pp.1—14.

Lew, B., Cater, B. (2018) "Farm Mechanization on an Otherwise Featureless Plain: Tractor Adoption on the Northern Great Plains and Immigration Policy of the 1920s", *Cliometrica*, forthcoming.

Lewis, F. D., MacKinnon, M. (1987) "Government Loan Guarantees and the Failure of the Canadian Northern Railway", *J Econ Hist*, 47:175—196.

Mackintosh, W.A. (1923) "Economic Factors in Canadian Economic History", *Canadian Historical Review*, 4:12—25.

Melitz, M.J., Trefler, D. (2012) "Gains from Trade when Firms Matter", *J Econ Perspect*, 26:91—118.

Mercer, L.J. (1973) "Rates of Return and Government Subsidization of the Canadian Pacific Railway: An Alternative View", *Can J Econ*, 6:428—437.

Mohammed, S., Williamson, J.G. (2004) "Freight Rates and Productivity Gains in British Tramp Shipping, 1869—1950", *Explor Econ Hist*, 41:172—203.

Naylor, R.T. (2006) *The History of Canadian Business, 1867—1914*. McGill-Queen's Press, Montreal(first published 1975).

Pomfret, W.T. (1993) The Economic Development of Canada. Nelson, Toronto.

Ray, A.J., Freeman, D. (1978) *Give Us Good Measure: An Economic Analysis of Relations Between the Indians and the Hudson Bay Company Before 1763*. University of Toronto Press, Toronto.

Sachs, J., Warner, A. (2001) "Natural Resources and Development: The Curse of Natural Resources", *Eur Econ Rev*, 45:827—838.

Urquhart, M.C. (1993) *Gross National Product Canada, 1870—1926: The Derivation of the Estimates*. McGill-Queen's Press, Kingston.

Williams, G. (1994) *Not for Export (revised edition)*. McClelland-Stewart, Toronto (first published 1979).

Wylie, P.J. (1990) "Scale-Biased Technological Development in Canada's Industrialization, 1900—1929", *Rev Econ and Stat*, 72:219—227.

索　引

本索引词条后面的页码，均为英文原著页码，即中译本的正文页边码。

译后记

与这套丛书的缘分，始于中国政法大学熊金武老师的邀请。立定翻译相关条款是在 2020 年初，兜兜转转到 2023 年最终完成付印。感谢翻译团队，集体智慧使书稿日臻完善，感谢审读、编校团队，他们始终专业，始终学术，使得琐碎的翻译过程不再枯燥。

三年之间，发生了太多的事情，但是承诺要完成的翻译任务，始终让我心有所系，始终让我将精神集中在学术上。夜深人静的时候，为了斟酌如何去精准地表达一句话的意思，为了斟酌用哪个词去恰当地抒发作者的言外之意，我总会花大量的时间，或者在静思，或者去参酌文献，或者从优秀译著中汲取灵感……常常是一扭头，天已经蒙蒙亮了。累，但也畅快。

最近这两年先后完成两本译著，每部著作所包含的文章风格、范畴差异都非常大，对我而言是巨大的挑战。直接译出作者的意思好像并不算太难，但是要跟上作者的思路，理解他（她）话语背后的故事，理解学科中的人与事之间的联系，理解他（她）言外之意究竟指向何处，还是要花费不少工夫。

在本书的翻译过程中，为了让作者的意思能够更加精准，为了方便读者去了解文中意蕴，对于书中提到的概念、事件、人物等，甚或是作者引用的每一个典故、每一句诗文，我都花了大量的时间去查阅资料，但是受体例限制，可能不能一一呈现出来。但是，文章重在取舍，妙处贵在发掘，我相信作者、译者、读者，乃至审读、编校等几方各自的解读、领悟，相互的交流、碰撞，所产生的效果更加关乎长远，而这会远远超过译者一方片面的理解、有限的解读。

本书付梓前夕，学界对于经济史的方法论讨论正热，而本书论述了计量史学的产生、发展，在一定程度上也指向其未来的前进方向，一些章节对于解答目前的困惑是有益处的。同时，本书的部分章节也回顾了经济史学科的眷眷往昔。未来该当如何？回望来时路，也许能让我们的心性、志行更为纯粹，也更加坚定。

感谢唐彬源、王萌、刘茹等编辑以及审读专家的专业精神与辛勤付出；感谢"计量史学译丛"翻译团队熊金武、梁华、缪德刚等老师的沟通交流，我在日常的交流、请教中学到很多；感谢魏明孔研究员、高超群研究员、李军教授以及樊果、丰若非、王大任、马烈、韩昕儒等老师的专业意见，各位专家的指导使本书最终得以完成；也感谢前辈译者一丝不苟的工匠精神，本书中福格尔、诺思等人的成果、经济史上科学主义的争论，乃至蒲柏的诗文等，在翻译过程中对已有译著多有参酌。当然，书中还有不少不尽完美的地方，我在日后会不断加以完善。

马国英

2023 年 4 月 3 日于月坛北小街 2 号

图书在版编目(CIP)数据

计量史学史 /（法）克洛德·迪耶博，（美）迈克尔
·豪珀特主编；马国英译. — 上海 ：格致出版社 ：上
海人民出版社，2023.12
（计量史学译丛）
ISBN 978 - 7 - 5432 - 3453 - 6

Ⅰ.①计…　Ⅱ.①克…②迈…③马…　Ⅲ.①计量学
-史学史-世界　Ⅳ.①TB9 - 091

中国国家版本馆 CIP 数据核字(2023)第 058020 号

责任编辑　刘　茹　顾　悦
装帧设计　路　静

计量史学译丛
计量史学史
[法]克洛德·迪耶博　[美]迈克尔·豪珀特 主编
马国英 译

出　　版　格致出版社
　　　　　上海人民出版社
　　　　　(201101　上海市闵行区号景路 159 弄 C 座)
发　　行　上海人民出版社发行中心
印　　刷　上海盛通时代印刷有限公司
开　　本　720×1000　1/16
印　　张　14.25
插　　页　3
字　　数　215,000
版　　次　2023 年 12 月第 1 版
印　　次　2023 年 12 月第 1 次印刷
ISBN 978 - 7 - 5432 - 3453 - 6/F·1502
定　　价　68.00 元